转型发展系列教材

材料力学

主 编◎王丽娟 张 镇 邓成尧

西南交通大学出版社
·成 都·

图书在版编目（CIP）数据

材料力学 / 王丽娟，张镇，邓成尧主编. —成都：
西南交通大学出版社，2019.8
转型发展系列教材
ISBN 978-7-5643-6993-4

Ⅰ. ①材… Ⅱ. ①王… ②张… ③邓… Ⅲ. ①材料力
学－高等学校－教材 Ⅳ. ①TB301

中国版本图书馆 CIP 数据核字（2019）第 152565 号

转型发展系列教材

Cailiao Lixue

材料力学

主编　王丽娟　张　镇　邓成尧

责任编辑　刘　昕
封面设计　严春艳

出版发行　西南交通大学出版社
　　　　　（四川省成都市金牛区二环路北一段 111 号
　　　　　西南交通大学创新大厦 21 楼）
邮政编码　610031
发行部电话　028-87600564　028-87600533
网址　　　http://www.xnjdcbs.com
印刷　　　成都中永印务有限责任公司

成品尺寸　185 mm × 260 mm
印张　　　15.75
字数　　　340 千
版次　　　2019 年 8 月第 1 版
印次　　　2019 年 8 月第 1 次
定价　　　47.50 元
书号　　　ISBN 978-7-5643-6993-4

课件咨询电话：028-87600533
图书如有印装质量问题　本社负责退换
版权所有　盗版必究　举报电话：028-87600562

转型发展系列教材编委会

总　序

教育部、国家发展改革委、财政部《关于引导部分地方普通本科高校向应用型转变的指导意见》指出：

"当前，我国已经建成了世界上最大规模的高等教育体系，为现代化建设作出了巨大贡献。但随着经济发展进入新常态，人才供给与需求关系深刻变化，面对经济结构深刻调整、产业升级加快步伐、社会文化建设不断推进特别是创新驱动发展战略的实施，高等教育结构性矛盾更加突出，同质化倾向严重，毕业生就业难和就业质量低的问题仍未有效缓解，生产服务一线紧缺的应用型、复合型、创新型人才培养机制尚未完全建立，人才培养结构和质量尚不适应经济结构调整和产业升级的要求。"

"贯彻党中央、国务院重大决策，主动适应我国经济发展新常态，主动融入产业转型升级和创新驱动发展，坚持试点引领、示范推动，转变发展理念，增强改革动力，强化评价引导，推动转型发展高校把办学思路真正转到服务地方经济社会发展上来，转到产教融合校企合作上来，转到培养应用型技术技能型人才上来，转到增强学生就业创业能力上来，全面提高学校服务区域经济社会发展和创新驱动发展的能力。"

高校转型的核心是人才培养模式，因为应用型人才和学术型人才是有所不同的。应用型技术技能型人才培养模式，就是要建立以提高实践能力为引领的人才培养流程，建立产教融合、协同育人的人才培养模式，实现专业链与产业链、课程内容与职业标准、教学过程与生产过程对接。

应用型技术技能型人才培养模式的实施，必然要求进行相应的课程改革，我们这套"转型发展系列教材"就是为了适应转型发展的课程改革需要而推出的。

希望教育集团下属的院校，都是以培养应用型技术技能型人才为职责使命的，人才培养目标与国家大力推动的转型发展的要求高度契合。在办学过程中，围绕培养应用型技术技能型人才，教师们在不同的课程教学中进行了卓有成效的探索与实践。为此，我们将经过教学实践检验的、较成熟的讲义陆续整理出版。一来与兄弟院校共同分享这些教改成果，二来也希望兄弟院校对于其中的不足之处进行指正。

让我们共同携起手来，增强转型发展的历史使命感，大力培养应用型技术技能型人才，使其成为产业转型升级的"助推器"、促进就业的"稳定器"、人才红利的"催化器"！

汪辉武

2016 年 6 月

前　言

材料力学是高等工科院校开设的专业基础课程，理论性与应用性都较强。随着教学内容和课程体系改革的深入，为使轨道交通类学生在有限的学时里理解和掌握材料力学的基本原理和基本方法，结合应用型大学相关专业的办学特点和学生自身学习情况，特编写了此教材。希望既能在内容上满足广大师生的要求，又能让学生通过学习本教材打下扎实的力学基础。

西南交通大学希望学院机电与轨道车辆工程系王丽娟、张镇、邓成尧三位教师根据自己多年的教学经验，历经两年的时间编写了适合机械专业及轨道交通类专业发展的应用型大学本科材料力学教材。其中第 2～8 章由王丽娟编写；张镇和邓成尧分别承担了第 9、10 章和第 1 章的编写任务；审查工作由邓成尧完成。本教材结合机械专业和轨道交通类专业的教学内容及现场应用实例进行了修改和创新。

本教材在内容编写上，根据应用型学院办学特点，结合院校学生自身学习情况，遵从由浅入深，循序渐进的原则，力求结构严谨、着重应用、突出重点、简明易学。编入的一些内容和例题，除了结合机械专业与轨道交通车辆专业现场实例以外，还参考了一些其他院校编写的优秀教材，在此一并表示感谢。另外，书中未涉及的能量法与动荷载等相关章节，可以参阅其他优秀教材。

由于编者水平有限，书中难免存在疏漏和欠妥之处，诚望读者批评指正。

编　者

2019 年 3 月

目　录

第1章 绪 论

1.1 材料力学的基本任务

1. 基本概念

为什么火车轨道会采用类似工形截面？汽车的传动轴为什么宜采用空心结构？工程机械中的起重机臂为什么采用框形结构？厂房的横梁为什么是鱼腹形……工程中诸如此类的例子随处可见，但它们的结构为什么要这么去设计，可能就需要用材料力学的方法和原理去解释了。

各种工程机械、建筑物等由构件组成，即组成工程结构或机械的每一部分统称为**构件**。如图 1-1 所示桥式起重机结构中的横梁、吊索，如图 1-2（a）所示悬臂梁结构中的横梁就是这些结构的构件。作用在横梁上的外力 F，可以称为荷载。梁在外力 F 的作用下发生的固体内各点相对位置的改变，称之为**变形**，宏观上看就是物体尺寸和形状的变化。当变形随外力解除而消失时，称这种变形为**弹性变形**；当外力解除后，梁没有恢复到原来的形状和尺寸，还存在一定的不可恢复的变形，称这种变形为**塑性变形**（残余变形）。在荷载的作用下，构件具有抵抗变形的能力称为**刚度**；当荷载增大，构件具有抵抗破坏的能力称为**强度**，但构件抵抗这种破坏的能力是有限的。当荷载的作用点和方向改变，如图 1-2（b）所示，此时梁的平衡形式发生变化，即构件在荷载的作用下，保持原有平衡状态的能力称为**稳定性**。

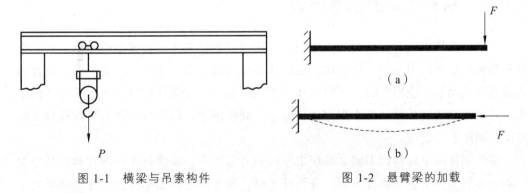

图 1-1 横梁与吊索构件　　　　　图 1-2 悬臂梁的加载

为保证构件的正常工作，失稳、过大的弹性变形、破坏都是不允许出现的，所以构件必须满足以下 3 个基本条件。

（1）**具有足够的强度**。构件在荷载的作用下，若具有足够的强度，就能够安全地承受荷载，而不会发生因强度低而引起的严重永久变形或断裂现象。比如可乐罐在外力的作用下会发生严重的永久性不可恢复的变形，粉笔在外力的作用下也会发生断裂现象。

（2）**具有足够的刚度**。在荷载的作用下，构件的最大变形不应超过实际使用中所允许的数值。否则构件刚度小，荷载大，就很容易产生变形。比如机床主轴若在外力的作用下导致变形过大，就会引起轴上的齿轮啮合不良，进而导致轴承磨损。

（3）**具有足够的稳定性**。构件在荷载的作用下，若具有足够的稳定性，构件保持原有平衡形式的能力就越好。如内燃机中的连杆在外力的作用下被压弯，从而失去保持直线平衡状态的稳定形式，就会影响内燃机正常工作。

对具体的构件而言，强度、刚度、稳定性是有主次之分的，如粉笔以强度要求为主，机床主轴以刚度要求为主，而内燃机连杆则以稳定性要求为主。

2. 材料力学基本任务

若横截面结构设计不合理、尺寸太小、选材不当，安全性就得不到保证，从而影响构件正常工作。相反，不恰当地加大横截面尺寸或选用优质的材料，虽然满足要求，但无疑是增加了成本和质量，造成浪费，也难以充分发挥出构件的承载能力。材料力学的基本任务就是在满足强度、刚度、稳定性的条件下，解决"既安全可靠、又经济适用"这一矛盾的。同时，材料力学为设计既经济又安全的构件提供必要的理论基础和计算方法。

经过简化建立的理论，都需要通过试验来验证。所以在研究构件的强度、刚度和稳定性时，还需要了解材料的力学性能。因此在理论分析的基础上，试验研究是完成材料力学任务所需的途径和手段。

1.2　材料力学的基本假设

构件由固体组成，在荷载的作用下，一切固体都将发生或大或小的变形，故称为**变形固体**。在理论力学中，把物体看成刚体的原因是，当物体的变形很小时，研究物体的机械运动是不受影响的，所以物体可以忽略变形以简化计算过程而得出可靠的结果。材料力学研究的物体为变形固体，即在荷载作用下，研究与构件变形性质相关的强度、刚度、稳定性。

变形固体由于材料的不同，呈现出不同的力学性质，即使是同一种材料，其力学性能在不同条件下也可能有差别。分析计算时，若考虑变形固体材料的复杂性质是不太可能的，这样不仅意义不大，还会加大计算的工作量。在材料力学中对变形固体进行研究时，通常需要做出以下假设。

（1）**连续性假设**。

实际的变形固体，从微观组织来看，都存在不同程度的空隙。这些空隙的大小远远小于宏观尺寸，对计算结果影响不大，所以可以忽略不计，从而认为变形固体材料内部没有空隙。因为材料是连续的，进而可以认为构件在荷载作用下的变形也是连续的。

（2）**均匀性假设**。

金属变形固体是由许多微小的晶粒组成，各个晶粒的大小、性质及排列方向都可能影响变形固体的力学性能。又因为晶粒本身很小、数量较多、排列无规则，固体的每一部分力学性能用统计平均值的观点考虑，可提出均匀性假设。可以认为材料内部每一部分都是均匀分布的，各点处的力学性能完全相同。根据这一假设，在构件中截取任一微小部分进行研究时都是均匀分布的，进而可以将这个结论推广到整个构件上。

（3）**各向同性假设**。

就金属固体中单一的晶粒来说，不同方向力学性质是不一样的，但金属固体包含晶粒数量较多，排列又不规则，因此各个方向的力学性能可以近似趋于一致。也就是说，认为物体内不同方向的力学性能相同，称之为**各向同性材料**，如钢、铜、铸铁、陶瓷、玻璃等；沿不同方向力学性能不同的材料称为**各向异性材料**，如木材、胶合板、纤维增强材料等。

（4）**小变形假设**。

构件受荷载的作用，可能会发生或大或小的变形，当构件的变形极其微小，比构件本身尺寸要小得多时，称此变形为小变形。材料力学限于研究小变形问题，在利用小变形条件计算时，可以忽略构件的变形，按变形前的原始尺寸进行。这样在简化材料力学的计算过程的同时，又满足工程要求。

运用这4个基本假设，不仅可以简化计算过程，而且得出的结果与实际值相差不大。大多数情况下只限于研究弹性范围内的小变形情况。

1.3 内力和截面法

1. 内 力

外力作用引起构件内部的附加相互作用力称为**内力**，即分子间的相互作用力。构件在没有受外力的情况下，内部各相邻分子之间存在相互作用的内力（可称之为固有内力），使各分子保持一定的相对位置，因而构件可以具有一定的几何尺寸和形状。当构件受到外力的作用后，内部的各分子相邻部分对这种相对位置的改变产生抵抗力，这种抵抗力可以看成**附加内力**，是在固有内力的基础上，在外力作用下产生的，简称为**内力**。当外力增大时，这种内力就会相应增大，当外力数值达到构件的某一极限时，构件就会被破坏。当外力解除后，内力就会随之消失。所以，材料力学所研究的内力都是由外力的作用而产生的。内力是研究构件强度、刚度、稳定性的基础，所以，本书首先讨论计算内力的方法。

2. 截面法

计算内力的方法一般采用截面法。任取构件如图 1-3 所示，构件上作用的几个力使其处于平衡状态。为了计算构件上任一截面的内力，采用截面法步骤如下：

（1）用一假想平面 m—m 将构件分为 Ⅰ、Ⅱ 两部分。

（2）根据实际计算情况，留下左半段 Ⅰ 或右半段 Ⅱ 为研究对象。

（3）为了使留下那部分保持平衡，将弃去的部分用它对留下部分的作用内力代替。

（4）对留下部分写平衡方程，求出内力的值。

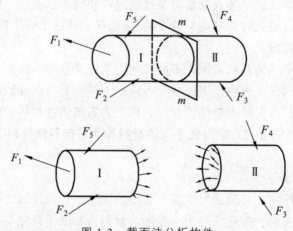

图 1-3　截面法分拆构件

在分析计算构件的内力时，由于已假设构件是连续、均匀、各向同性的变形体，所以截面法切开构件任一截面进行计算时，可认为构件内部都是连续分布的。

例 1-1　如图 1-4（a）所示悬臂梁上作用外力 F，试求梁上指定截面的内力。

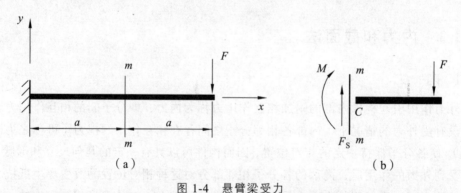

图 1-4　悬臂梁受力

解：取右半段为研究对象，如图 1-4（b）所示，用内力代替弃去的左半段，列平衡方程式有

$$\sum F_y = 0; \quad F_S - F = 0; \quad F_S = F$$

$$\sum M_C = 0; \quad -M - F \cdot a = 0; \quad M = -F \cdot a$$

从以上结果可以看出，m—m 截面上的内力由力 F 和力矩 $F \cdot a$ 两部分组成。

1.4　应力与应变

1. 应　力

用截面法求出的内力是各分子之间所有附加内力的合力。仅用所求出的内力大小来衡量构件的强度是远远不够的，还需要考虑内力所在截面的面积大小，因此需要讨论内力的密集程度，引入应力的概念。一般内力在截面上的分布是不均匀的，而构件的破坏通常是从内力分布最集中的地方开始的。所以，把受力构件某截面上一点处的内力集度定义为**应力**，表示单位面积上内力的大小。

任取如图 1-3 所示右半段为研究对象，一般情况下，内力在截面上的分布是不均匀的。在截面上任意处围绕 C 点取微面积 ΔA，如图 1-5（a）所示，设 ΔA 上的附加内力合力为 ΔF，则

$$P_m = \frac{\Delta F}{\Delta A}$$

式中，P_m 称为微面积 ΔA 上的平均应力，P_m 是一个矢量，它的大小和方向随 ΔF 的变化而变化，当 ΔA 趋于一个极限值时，则有

$$P = \lim_{\Delta A \to 0} \frac{\Delta F}{\Delta A}$$

P 称为点 C 的总应力，如图 1-5（b）所示，可以将总应力 P 分解为沿截面法向的正应力 σ，和沿截面切向的切应力（剪应力）τ。从而可以得出以下关系式：

$$P^2 = \sigma^2 + \tau^2 \tag{1-1}$$

应力的国际单位为帕斯卡（Pa），$1\,\text{Pa} = 1\,\text{N/m}^2$，材料力学中常用的应力单位换算式是 $1\,\text{GPa} = 10^3\,\text{MPa} = 10^9\,\text{Pa}$。

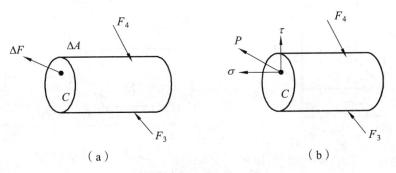

（a）　　　　　　　　　　　（b）

图 1-5　受力构件的力和应力

2. 应 变

1）线应变

构件内任一点或单元体因外力作用引起的形状和尺寸的相对改变，称为**应变**。构件受外力作用变形后，其各个微小部分的形状都将发生改变，应变就是用于度量构件上一点变形程度的基本量。为了研究构件内各点处的应变，先将构件分割成无数个如图 1-6（a）所示微小六方体。在外力作用下六方体产生变形。从图 1-6（b）中可以看出，MN 边由原长 Δx 伸长到 $\Delta x + \Delta \delta x$，$\Delta \delta x$ 是在外力作用下 MN 的伸长量，为了度量一点处变形的强弱，就需引进应变的概念。当 MN 长度内各点处的变形长度相同，则

$$\varepsilon_m = \frac{\Delta \delta x}{\Delta x}$$

式中，ε_m 为 x 方向的平均应变。当 MN 长度内各点处的变形程度不相同时，可以将 MN 的长度无限缩小，即 Δx 趋于 0，有

$$\varepsilon_x = \lim_{\Delta x \to 0} \frac{\Delta \delta x}{\Delta x} = \frac{\mathrm{d} \delta x}{\mathrm{d} x}$$

ε_x 为线应变，它是一个**无量纲量**。同理，可定义微小正方体其他两个方向的线应变 ε_y、ε_z。上述微小六方体，当各边都趋于无穷小时，称为**单元体**。

2）切应变

单元体在受外力的作用时，不仅边长会发生长度的变化，相互垂直的两条棱边夹角也会发生变化，如图 1-6（b）所示。其夹角的改变量 γ 称为**切应变**，切应变量纲为弧度（rad）。

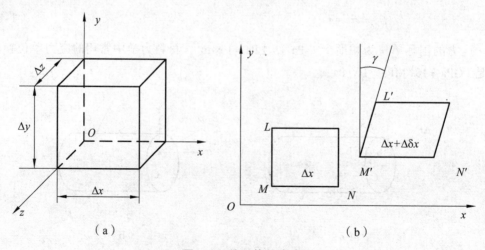

（a） （b）

图 1-6 单元体的应变

例 1-2 　如图 1-7 所示，已知薄板的两条边固定，变形后 $a'b$，$a'd$ 仍为直线。试求 ab 边的 ε_m 和 ab、ad 两边夹角的变化。

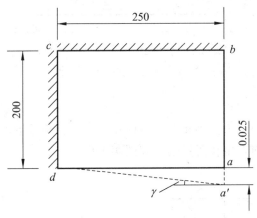

图 1-7 　薄板两边变形

解： 由平均应变的定义有

$$\varepsilon_m = \frac{a'b - ab}{ab} = \frac{0.025}{200} = 1.25 \times 10^{-6}$$

因为 ab、ad 两边夹角的变化为切应变 γ，则有

$$\gamma \approx \tan\gamma = \frac{0.025}{250} = 10^{-4} \text{（rad）}$$

1.5　杆件变形的基本形式

实际工程中，构件有各种各样的形状和尺寸，为了便于研究，根据构件的几何特征及各个方向的尺寸大小，大致分为以下四类。

杆： 构件长度远大于横截面尺寸。轴线为直线的杆称为直杆；横截面的大小形状不变的杆，称为等直杆；横截面的大小或形状变化的杆，称为变截面杆。轴线为曲线的杆称为曲杆。

板： 构件一个方向的尺寸远小于另外两个方向的尺寸，且中面为平面。

壳： 构件一个方向的尺寸远小于另外两个方向的尺寸，且中面为曲面。

块： 三个方向尺寸基本相同。

材料力学中主要研究的是等截面直杆，杆件在荷载作用下的变形可以有多种形式，但基本变形只有轴向拉伸（压缩）、剪切、扭转、弯曲这 4 种形式。

1）轴向拉伸（压缩）

作用在杆上的外力与杆的轴线重合，变形表现为杆件长度发生伸长或缩短，如图 1-8 所示。

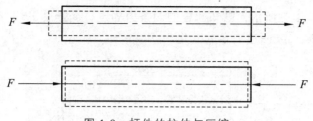

图 1-8　杆件的拉伸与压缩

2）剪　切

作用在杆件上的外力为大小相等、方向相反，且相距很近的一对横向力，变形表现为杆件沿力作用方向发生相对错动，如图 1-9 所示。

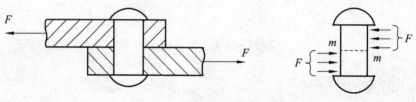

图 1-9　杆件的剪切变形

3）扭　转

作用在杆件上的外力偶，其作用面垂直于杆轴线，变形表现为各截面绕轴线发生相对转动，如图 1-10 所示。

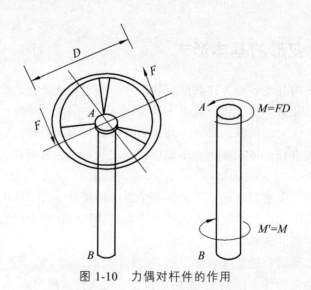

图 1-10　力偶对杆件的作用

4）弯　曲

作用在杆件上的外力为垂直于杆轴线的轴向力，或为位于纵向平面内一对大小相等、方向相反的力偶，如图 1-11 所示。

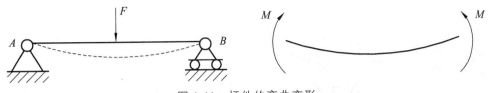

图 1-11　杆件的弯曲变形

5）组合变形

工程中，一些杆件可能会同时发生以上几种基本变形，例如，车床主轴在工作中同时受到弯曲、扭转、压缩三种基本变形，钻床的立柱同时受到拉伸和弯曲两种基本变形。这种杆件在工作中同时存在两种或两种以上的基本变形，称为**组合变形**。对组合变形的强度问题，可以先将其分解为若干基本变形，从而利用基本变形研究结果来解决。

习　题

（1）什么是构件？
（2）什么是变形？弹性变形和塑性变形有什么区别？
（3）什么是构件的强度、刚度和稳定性？
（4）什么是应力、应变？为什么要引入应力、应变的概念？
（5）材料力学主要研究的对象是什么？试述杆件的基本变形有哪些。

第2章 轴向拉伸与压缩

2.1 轴向拉压杆的概念

在机械和建筑工程结构中，承受轴向拉伸和压缩的构件很多。如图 2-1 所示螺栓连接，在拧紧螺栓时，螺栓以拉伸变形为主。如图 2-2 所示液压传动中的活塞杆，液压缸在吸油排油的过程中，活塞杆以拉伸和压缩变形为主。如图 2-3 所示屋架中的桁架，是等直杆，不考虑末端的连接情况，其以拉伸或压缩变形为主。这些杆件有共同的受力特点：作用于杆上外力的合力的作用线与杆的轴线重合。在这种受力情况下，杆的主要变形形式是轴向伸长或缩短。

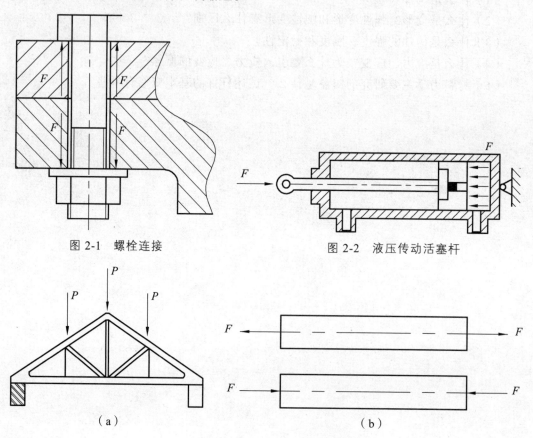

图 2-1 螺栓连接

图 2-2 液压传动活塞杆

（a）

（b）

图 2-3 桁架及其拉伸和压缩变形

如图 2-4 所示,这种变形称为轴向拉伸或轴向压缩。受轴向外力作用的等截面直杆叫拉杆和压杆。

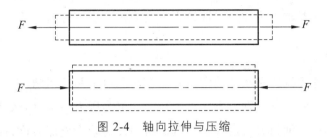

图 2-4　轴向拉伸与压缩

2.2　拉压杆的轴力与轴力图

1. 用截面法求内力

拉杆与压杆内力的计算是研究其强度、刚度的基础,计算内力的方法采用截面法。以如图 2-5 所示拉杆为例,用截面法求 m—m 截面处的内力。

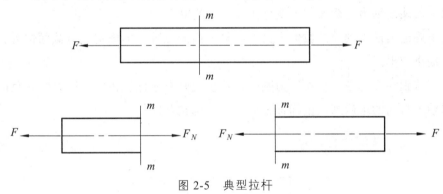

图 2-5　典型拉杆

(1)假想沿 m—m 横截面将杆切开。

(2)留下左半段或右半段。

(3)将弃去部分对留下部分的作用内力以 F_N 代替,使留下部分保持平衡。

(4)对留下部分写平衡方程求出内力 F_N 的值。

现以左半部分为例,由平衡方程式得

$$\sum F_x = 0; \ -F + F_N = 0, \ F_N = F$$

根据连续性假设,该内力是连续分布在截面上的,分布内力的合力即为杆件在该截面上的内力 F_N。横截面 m—m 上的内力 F_N 其作用线与杆的轴线重合(垂直于横截面并通过其形心),此内力称为**轴力**。取横截面 m—m 的左边或右边为分离体均可。但需要对轴力的正负方向按所对应的纵向变形为伸长或缩短做以下规定:

当轴力背离截面产生伸长变形时为正；反之，当轴力指向截面产生缩短变形时为负。如图 2-5 所示，不管取左边还是右边为研究对象，得到的轴力都背离截面产生伸长变形，所以，此时轴力为拉力，即拉力方向为正、压力方向为负。

2. 注意问题

在用截面法计算拉杆和压杆的内力时，需注意以下两个问题：

（1）在截面上所假设的轴力方向可为拉力，可为压力。这里需要强调的是，同一杆件，采用截面法求轴力时，最好每个截面所假设的轴力全部为拉力或压力。

（2）在采用截面法之前不能将外力简化或平移。

3. 轴力图

显示横截面上轴力与横截面位置的关系，称为**轴力图**。用平行于轴线的坐标表示横截面位置的变化，用垂直于杆轴线的纵坐标表示轴力值的大小，如图 2-6 所示。作轴力图的意义在于

（1）反映出轴力与截面位置变化关系，较直观；

（2）确定出最大轴力的数值及其所在横截面的位置，即确定危险截面位置，为强度计算提供依据。

需要特别注意的是，在作轴力图时，将拉力画在坐标轴正向，压力画在负向。而不是将轴力得出的正值画在坐标轴正向，负值画在负向。

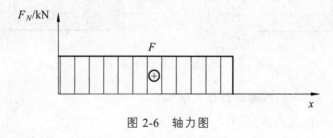

图 2-6　轴力图

例 2-1　试作如图 2-7 所示等直杆的轴力图。

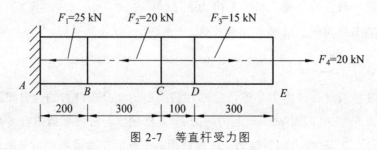

图 2-7　等直杆受力图

解：（1）为求轴力方便，先求出约束力。

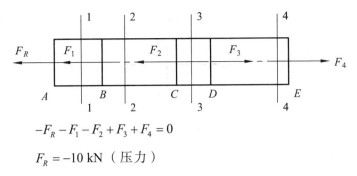

$$-F_R - F_1 - F_2 + F_3 + F_4 = 0$$

$$F_R = -10 \text{ kN}（压力）$$

计算结果为负，表明假设方向与实际方向相反。

（2）求截面 1—1、2—2、3—3、4—4 上的轴力，假设轴力为拉力。

沿截面 1—1 假想地将杆截开，取左边为分离体，得

1—1 截面：

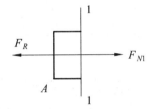

$$-F_R + F_{N1} = 0, \ F_{N1} = F_R = -10 \text{ kN}（压力）$$

计算结果为负，说明 F_{N1} 的指向与假设方向相反，即 F_{N1} 为压力。

2—2 截面：

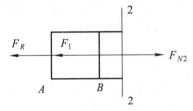

$$-F_R - F_1 + F_{N2} = 0, \ F_{N2} = 15 \text{ kN}（拉力）$$

3—3 截面：

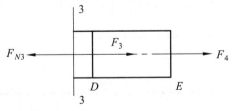

$$-F_{N3} + F_3 + F_4 = 0, \ F_{N3} = 35 \text{ kN}（拉力）$$

4—4 截面：

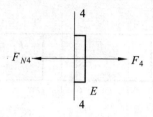

$$-F_{N4} + F_4 = 0, \ F_{N4} = 20 \text{ kN （拉力）}$$

（3）作轴力图。

根据用截面法算出的轴力值，将拉力画在正向，压力画在负向，得

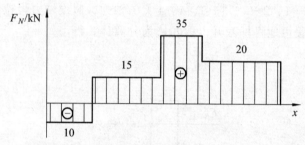

图 2-8　例 2-1 轴力图

2.3　拉压杆的应力

杆件的强度不仅与轴力有关，还与横截面面积有关。所以，需要进一步研究内力在横截面上的分布集度，即应力的大小，用应力来比较和判断杆件的强度。下面将分别讨论拉杆或压杆横截面和斜截面上的应力。

1. 横截面上的应力

通过试验来研究杆件横截面上应力的分布。取一矩形截面的试件，为了观察试验现象，试验前在杆的表面画上两条垂直于于轴线的横向线 $a—c$、$b—d$，在杆的两端施加外力 F，变形后的杆件如图 2-9 所示，变形前为直线的横向线 $a—c$、$b—d$ 仍为直线，且仍垂直于杆轴线，只是分别平行移至 $a'—c'$、$b'—d'$。根据上述试验现象，可以做出假设：变形前为平面的横截面，变形后仍保持为平面且仍垂直于轴线。

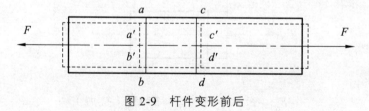

图 2-9　杆件变形前后

从平面假设可以判断

（1）原为平面的横截面在变形后仍为平面，所有纵向纤维伸长相等；

（2）因材料均匀，故各纤维受力相等；

（3）均匀材料、均匀变形，内力当然均匀分布。

由平面假设可以得出，在拉（压）杆的横截面上，与轴力 F_N 对应的只可能是正应力 σ，与切应力无关，如图 2-10 所示。根据连续性假设，横截面上到处都存在着内力，取任一微面积 dA，根据静力关系得

$$F_N = \int_A \sigma dA = \sigma \int_A dA = \sigma A$$

$$\sigma = \frac{F_N}{A} \qquad\qquad (2\text{-}1)$$

式（2-1）为横截面上的正应力 σ 计算公式。其中，F_N 为欲求正应力所在截面的轴力；A 为杆件的横截面积。

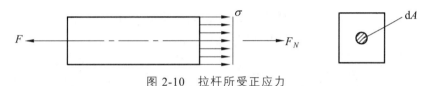

图 2-10 拉杆所受正应力

使用式（2-1）需要注意：

（1）正应力 σ 和轴力 F_N 同号，即拉应力为正，压应力为负。

（2）作用在杆件上的外力（或外力的合力）的作用线必须与杆轴线重合。

（3）正应力计算公式来自平面假设；对于某些特定杆件，例如楔形变截面杆，受拉伸（压缩）时，平面假设不成立，故原则上不宜用式（2-1）计算其横截面上的正应力。

（4）即使是等直杆，在外力作用点附近，横截面上的应力情况复杂，实际上也不能应用上述公式。

（5）圣维南（Saint Venant）原理：力作用于杆端方式的不同，只会使与杆端距离不大于杆的横向尺寸的范围内受到影响。

例 2-2 如图 2-11 所示结构，试求杆件 AB、CB 的应力。已知 $F = 20\ kN$，斜杆 AB 为直径 20 mm 的圆截面杆，水平杆 CB 为 15 mm×15 mm 的方截面杆。

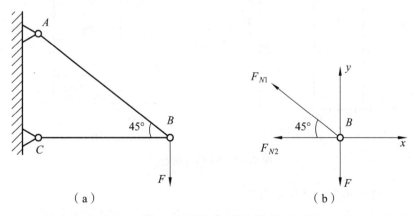

（a）　　　　　　　　　　　　　（b）

图 2-11 例 2-2 结构受力

解：（1）计算各杆件的轴力。假设轴力为拉力，（设斜杆为 1 杆，水平杆为 2 杆）用截面法取节点 B 为研究对象。列平衡方程式得

$$\sum F_x = 0, \ -F_{N1}\cos 45° - F_{N2} = 0$$

$$\sum F_y = 0, \ F_{N1}\sin 45° - F = 0$$

解得

$$F_{N1} = 28.3 \text{ kN}, \ F_{N2} = -20 \text{ kN}$$

（2）计算各杆件的应力。

$$\sigma_1 = \frac{F_{N1}}{A_1} = \frac{28.3 \times 10^3}{\frac{\pi}{4} \times 20^2 \times 10^{-6}} = 90 \times 10^6 = 90 \ （\text{MPa}）$$

$$\sigma_2 = \frac{F_{N2}}{A_2} = \frac{-20 \times 10^3}{15^2 \times 10^{-6}} = -89 \times 10^6 = -89 \ （\text{MPa}）$$

例 2-3　如图 2-12（a）所示圆形砖柱，Ⅰ 段的横截面面积为 60 mm²，Ⅱ 段的横截面面积为 100 mm²，已知 $F = 20$ kN。试求由于荷载引起的横截面上的最大工作应力。

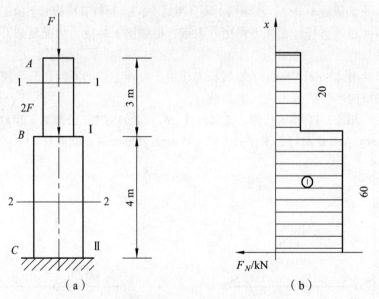

图 2-12　圆形砖柱受力

解：（1）计算轴力，并作轴力图。

假设轴力为压力，则做出 1—1，2—2 截面内力图，并列平衡方程式：

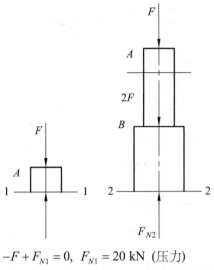

$$-F + F_{N1} = 0, \quad F_{N1} = 20 \text{ kN （压力）}$$
$$-F - 2F + F_{N3} = 0, \quad F_{N3} = 60 \text{ kN （压力）}$$

作轴力图如图 2-12（b）所示。

（2）计算各段的正应力。

Ⅰ段柱横截面上的正应力：

$$\sigma_1 = \frac{F_{N1}}{A_1} = \frac{-20 \times 10^3}{60 \times 10^{-3}} = -0.3 \text{ （MPa）（压应力）}$$

Ⅱ段柱横截面上的正应力：

$$\sigma_2 = \frac{F_{N2}}{A_2} = \frac{-60 \times 10^3}{100 \times 10^{-3}} = -0.6 \text{ （MPa）（压应力）}$$

因为 $|\sigma_2| > |\sigma_1|$，所以最大工作应力为 $\sigma_{\max} = \sigma_2 = 0.6$ （MPa）（压应力）。

2. 斜截面上的应力

试验表明，拉（压）杆的破坏并不总是沿横截面发生的，有时却是沿斜截面发生的。这说明应力与截面的方位有关，构件内同一点不同截面上的应力可能不同。所以需要对杆件斜截面上的应力进行研究。

取圆形截面杆上任一斜截面 k—k，设斜截面与横截面 m—m 的夹角为 α，如图 2-13（a）所示。留下左半部分作为研究对象，设斜截面上的内力为 F_α，由静力平衡方程得

$$\sum F_x = 0, \quad F_\alpha = F$$

由式（2-1）可知，横截面 m—m 上的正应力为 $\sigma = F / A$。再根据前面连续性假设可知，斜截面上的应力也是均匀分布的，如图 2-13（b）所示。因此，可得出斜截面上的总应力 P_α 与横截面上的正应力 σ_0 之间的关系为

$$P_\alpha = \frac{F_\alpha}{A_\alpha} = \frac{F}{A/\cos\alpha} = \frac{F}{A}\cos\alpha = \sigma_0 \cos\alpha \qquad (2\text{-}2)$$

式中，$\sigma_0 = \dfrac{F}{A}$ 为拉（压）杆横截面上 $(\alpha = 0)$ 的正应力。

将一点处的总应力 P_α 分解为沿切线方向的切应力 τ_α 和沿法线方向的正应力 σ_α，如图 2-13（c）所示。

$$\sigma_\alpha = P_\alpha \cos\alpha = \sigma_0 \cos^2\alpha \qquad (2\text{-}3)$$

$$\tau_\alpha = P_\alpha \sin\alpha = \frac{\sigma_0}{2}\sin 2\alpha \qquad (2\text{-}4)$$

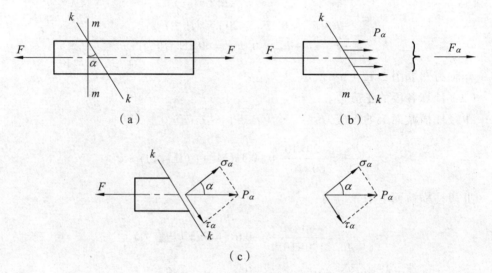

（c）

图 2-13　拉杆斜截面受力

式（2-3）和式（2-4）表明，斜截面上既有正应力又有切应力，且当横截面上的正应力确定以后，σ_α、τ_α 只与斜截面和横截面的夹角 α 有关，即随斜截面相对横截面的位置变化而应力有所不同。通过构件上一点不同截面上应力变化情况如下。

（1）当 $\alpha = 0$ 时，斜截面和横截面重合，由式（2-3）可知，$\sigma_\alpha = \sigma_{\max} = \dfrac{F}{A} = \sigma$，而 $\tau_\alpha = 0$，即横截面上存在最大正应力。

（2）当 $\alpha = \pm 45°$ 时，由式（2-4）可知 $|\tau_\alpha|_{\max} = \dfrac{\sigma}{2}$，即 45° 斜截面上剪应力达到最大。

（3）当 $\alpha = 90°$ 时，由上两式可知 $(\sigma_\alpha)_{\min} = 0, \tau_\alpha = 0$。即与轴向拉压杆平行的横截面上，没有任何应力。

对斜截面上的应力也有正负号规定，如图 2-14 所示。正应力 σ_α 沿外法线方向受拉为正，否则反之。切应力 τ_α 绕所取的研究对象顺时针转动为正，否则为负。

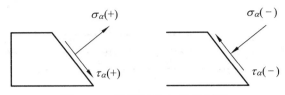

图 2-14　斜截面应力符号规定

例 2-4　直径为 $d=100$ mm 杆受拉力 $F=10$ kN 的作用。试求最大剪应力 $\tau_{\max}$，并求与横截面夹角 30° 的斜截面上的正应力 σ_{α} 和剪应力 τ_{α}。

解：（1）先求拉杆横截面上的应力为

$$\sigma = \frac{F}{A} = \frac{4 \times 10 \times 10^3}{3.14 \times 0.01^2} = 127.4 \text{（MPa）}$$

（2）求最大剪力 $\tau_{\max}$。

因为当 $\alpha = \pm 45°$ 时，$|\tau|_{\max} = \dfrac{\sigma}{2}$，所以，杆件上最大的切应力 $\tau_{\max}$ 为

$$\tau_{\max} = \frac{\sigma}{2} = \frac{127.4}{2} = 63.7 \text{（MPa）}$$

（3）斜截面上的正应力和剪应力为

$$\sigma_{\alpha} = \sigma \cos^2 \alpha = 127.4 \times (\cos 30°)^2 = 95.5 \text{（MPa）}$$

$$\tau_{\alpha} = \frac{\sigma}{2} \sin 2\alpha = \frac{127.4}{2} \sin 60° = 55.2 \text{（MPa）}$$

2.4　拉压杆的变形

杆件在轴向拉力（压力）的作用下，会发生轴向伸长（或缩短），同时，横向缩短（或伸长）。沿杆件发生轴向伸长的变形为**纵向变形**，垂直于轴线方向发生变形为**横向变形**。

1. 纵向变形与纵向线应变

如图 2-15 所示杆原长为 l，在轴向外力 F 的作用下，杆件伸长到 l_1，则伸长量 $\Delta l = l_1 - l$ 为纵向变形，规定拉伸伸长变形为正，压缩缩短变形为负。伸长量反映杆的总变形量，并不能反映杆件沿轴线方向的变形程度。为了说明杆件的变形程度，用单位长度的纵向变形来表示，即

$$\varepsilon = \frac{\Delta l}{l}$$

式中，ε 为纵向线应变，其正负的规定同伸长量 Δl，且 ε 是一个无量纲的量。

图 2-15 拉杆的变形

2. 胡克定律

工程中常用材料制成的拉杆或压杆，当受轴向力 F 的作用，应力不超过材料的某一特征值（"比例极限"）时，若杆的伸长量 Δl 与轴向力 F 和原长 l 成正比，与杆的横截面积 A 成反比，即

$$\Delta l \propto \frac{Fl}{A}$$

引进比例常数 E ，且注意到 $F = F_N$ ，则有

$$\Delta l = \frac{F_N l}{EA} \tag{2-5}$$

式（2-5）称为**胡克定律**（Hooke's Law），适用于拉压杆。式中 E 为材料（拉压）弹性模量，它通过试验测得，对于不同的材料测出的值不同。单位符号一般为 MPa / GPa。EA 称为杆的**抗拉（压）刚度**，它表示杆件抵抗拉伸（或压缩）变形的能力。

将式（2-5）变换成另一种形式：

$$\frac{\Delta l}{l} = \frac{1}{E} \frac{F_N}{A}$$

式中 $\frac{\Delta l}{l} = \varepsilon$ ， $\frac{F_N}{A} = \sigma$ ，代入上式可得

$$\sigma = E\varepsilon \tag{2-6}$$

式（2-6）为胡克定律的另一种形式。该式表明，在线弹性范围内，应力与应变成正比。

3. 横向变形与泊松比

如图 2-15 所示，在轴向拉力 F 作用下，除了轴向会发生伸长变形，同时，横向也会变细。设杆件的直径为 d ，变形后的直径为 d_1 ，则横向变形 $\Delta d = d_1 - d$ ，同时，可得出横向线应变为

$$\varepsilon' = \frac{\Delta d}{d}$$

同样，横向线应变也用来反映杆件沿横截面方向的变形程度，正负规定与轴向伸长变形相反，即拉伸伸长变形为负，压缩缩短变形为正。

试验结果表明，当应力不超过一定限度时，横向线应变 ε' 与纵向线应变 ε 之比的绝对值式一个常数，即

$$\nu = \left| \frac{\varepsilon'}{\varepsilon} \right| \qquad (2\text{-}7)$$

式中，ν 为泊松比或横向变形系数，它是一个无量纲量，其数值由试验测得。考虑到杆件纵向线应变和横向线应变的正负号恒相反，可以把上式调整为

$$\varepsilon' = -\nu\varepsilon$$

如表 2-1 所示给出了常用材料的 E, ν 值。

表 2-1 常用材料的 E, ν 值

材料名称	牌号	E/GPa	ν
低碳钢	Q235	200～210	0.24～0.28
中碳钢	45	205	0.24～0.28
低合金钢	16Mn	200	0.25～0.30
合金钢	40CrNiMoA	210	0.25～0.30
灰口铸铁		60～162	0.23～0.27
球墨铸铁		150～180	
铝合金	LY12	71	0.33
硬铝合金		380	
混凝土		15.2～36	0.16～0.18
木材（顺纹）		9.8～11.8	0.053 9
木材（横纹）		0.49～0.98	

例 2-5 等直杆，受力如图 2-16 所示，已知杆件材料弹性模量为 E，圆截面直径为 d。试求 D 端的位移。

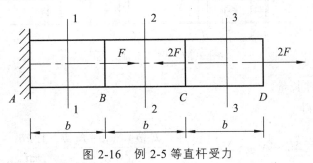

图 2-16 例 2-5 等直杆受力

解：（1）求轴力，假设轴力为拉力。

1—1 截面：

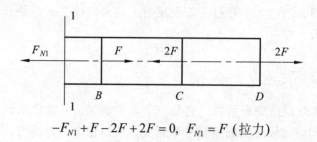

$$-F_{N1} + F - 2F + 2F = 0, \quad F_{N1} = F \text{（拉力）}$$

2—2 截面：

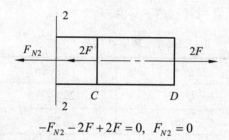

$$-F_{N2} - 2F + 2F = 0, \quad F_{N2} = 0$$

3—3 截面：

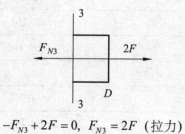

$$-F_{N3} + 2F = 0, \quad F_{N3} = 2F \text{（拉力）}$$

（2）作轴力图。

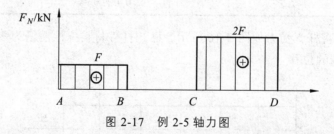

图 2-17　例 2-5 轴力图

（3）D 端的伸长量。

由式（2-5）得

$$\Delta l_D = \Delta l_{AB} + \Delta l_{BC} + \Delta l_{CD} = \frac{F_{N1}b + F_{N2}b + F_{N3}b}{EA} = \frac{12Fb}{E\pi d^2}$$

例 2-6 试求如图 2-18（a）所示等直杆在荷载 F 和自重作用下 B 端的位移 ΔB。已知杆长为 b，横截面积为 A，材料的重度为 γ，弹性模量为 E。

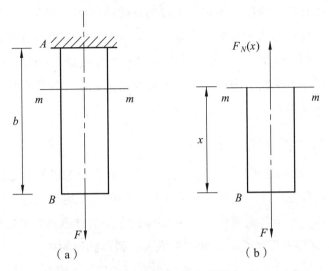

图 2-18　例 2-6 等直杆受力

解：（1）确定任一截面的轴力。

现求如图 2-18（b）所示距低端 x 处 m—m 截面上的内力 $F_N(x)$，由平衡方程得

$$F_N(x) - F - \gamma A x = 0$$

$$F_N(x) = F + \gamma A x$$

（2）计算位移。

求杆的伸长时，由于要计自重，导致杆内各截面上的轴力不相等。所以不能用式（2-5）来直接计算，需先取微段长 $\mathrm{d}x$ 来求出此微段的微小伸长量，略去微量 $\gamma A \mathrm{d}x$ 的影响，然后在整段杆上积分即可。由式（2-5）得微段杆的伸长为

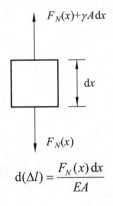

$$\mathrm{d}(\Delta l) = \frac{F_N(x)\,\mathrm{d}x}{EA}$$

则 B 端位移为

$$\Delta B = \Delta l = \int_0^b \frac{(F + \gamma A x)\mathrm{d}x}{EA} = \frac{Fb}{EA} + \frac{\gamma b^2}{2E}$$

2.5 材料在拉（压）时的力学性能

构件工作时的强度、刚度与稳定性不仅与杆件的尺寸、受力情况有关，还与材料的力学性能有关。所谓的**力学性能**，主要是指材料在外力作用下表现出来的变形、破坏形式等方面的特性。例如，前面章节涉及的材料弹性模量 E、泊松比 ν 及比例极限。这些力学性能需要通过试验来测得。本节主要介绍低碳钢、铸铁材料在常温、静载下的拉伸与压缩试验结果。

1. 低碳钢在拉伸时的力学性能

国家标准 GB/T 228—2002《金属拉力试验法》规定，为了便于比较不同材料的试验结果，对拉伸试件的尺寸、形状、试验温度和加载速度均有规定。如做低碳钢拉伸试验时（所谓低碳钢是指含碳质量分数在 0.3% 以下的碳素钢，如 Q235 就是比较典型的低碳钢），要求试件的形状是矩形和圆形两种，圆形截面的尺寸有 $l=10d$ 或 $l=5d$ 两种，d 为试验圆形截面的直径。而矩形截面也有两种尺寸，即 $l=11.3\sqrt{A}$ 或 $l=5.65\sqrt{A}$，其中 l 为试件的工作段（标距），A 为矩形截面的面积。

如图 2-19 所示低碳钢圆形截面试件，把稍大的两端装卡在拉伸试验机上，随后缓慢加载。一般试验机可以根据加载的荷载 F 与伸长量 Δl 自动绘出 $F\text{-}\Delta l$ 图，如图 2-20（a）所示。$F\text{-}\Delta l$ 图受试件尺寸、材料、形状的影响，为了消除尺寸的影响，可以用 $\dfrac{F}{A}=\sigma$ 来作纵坐标，用 $\dfrac{\Delta l}{l}=\varepsilon$ 来作横坐标，因此把 $F\text{-}\Delta l$ 转化为 $\sigma\text{-}\varepsilon$ 图，如图 2-20（b）所示。

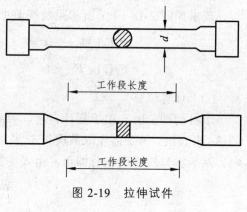

图 2-19　拉伸试件

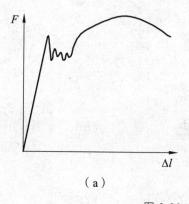

（a）

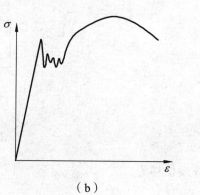

（b）

图 2-20　试件拉伸结果曲线

1）低碳钢的拉伸试验 σ-ε 曲线

如图 2-20（b）所示为低碳钢的拉伸试验应力-应变曲线，该曲线可以分为 4 个阶段。

（1）**弹性阶段**（见图 2-21 中 Ob 段）。Oa 段为一条过原点的斜直线，在此段说明应力 σ 与应变 ε 成正比，并服从胡克定律，即

$$\sigma = E\varepsilon$$

或

$$E = \frac{\sigma}{\varepsilon} = \tan\alpha \tag{2-8}$$

由式（2-8）可知，直线 Oa 的斜率即为材料的**弹性模量** E。且直线 Oa 的最高点 a 对应的应力，称为**比例极限** σ_p。超过比例极限后，在 ab 段，变形仍为弹性变形，点 b 对应的应力为**弹性极限** σ_e。比例极限和弹性极限的数值非常接近，因此工程上不加以区分。如低碳钢的点 a 和点 b 非常接近，即 $\sigma_p \approx \sigma_e \approx 200\,\text{MPa}$。所以，可以认为 Ob 段都是弹性阶段，在此阶段，应力与应变成正比，并满足胡克定律。

（2）**屈服阶段**（bc 段）。在此阶段伸长变形急剧增大，但应力只在很小范围内波动，这种应力基本保持不变而应变急剧增加的现象，称为**屈服**或**流动**，所以此阶段叫屈服阶段。进入屈服阶段以后，试件的变形进入不可恢复的塑性阶段，表示材料暂时失去抵抗继续变形的能力。屈服段内，最高应力为上屈服极限，最低应力为下屈服极限，下屈服极限较稳定，把它作为材料的**屈服极限** σ_s，它是衡量材料强度的重要指标。

材料进入屈服阶段后，若将试件表面经过抛光处理，可以观察到与试件轴线成 45° 方向的条纹，这些条纹称为滑移线。它是由于 45° 截面上有最大剪应力，使晶粒间的相互滑移而留下的痕迹。

（3）**强化阶段**（ce 段）。过了屈服阶段后，材料内部晶体结构得到调整，又恢复了抵抗变形的能力，要使材料继续变形必须增加拉力，这种现象为**材料强化**。强化阶段的最高点 e 点为材料最大应力，为**强度极限**或**抗拉强度** σ_b，它是衡量材料强度的另一个重要指标。

（4）**局部颈缩阶段**（ef 段）。过 e 点后，试件变形开始集中在工作段的某一部分，使局部区域的横截面面积显著缩小，形成缩颈现象。当达到 f 点，试件被拉断。

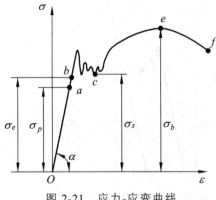

图 2-21　应力-应变曲线

2）延伸率和面积收缩率

试件被拉断后，弹性变形消失，留下部分的变形为塑性变形。量出拉断后试件的工作长度为 l_1，断口处的横截面积为 A_1。可用下面两个量来衡量材料塑性变形程度指标：

$$\delta = \frac{l_1 - l}{l} \times 100\% \tag{2-9}$$

$$\psi = \frac{A - A_1}{A} \times 100\% \tag{2-10}$$

δ，ψ 值越大，说明材料的塑性越好，工程上通常按延伸率的大小把材料分为两大类，即 $\delta > 5\%$ 为塑性材料，$\delta < 5\%$ 为脆性材料。当低碳钢试件尺寸为 $l = 10d$ 时，其 $\delta = 20\% \sim 30\%$，$\psi = 60\% \sim 70\%$，对照划分延伸率标准可知，低碳钢为塑性材料。

3）卸载定律与冷作硬化

材料在卸载过程中应力和应变的线性关系，就是**卸载定律**。

如在弹性范围 Ob 内卸除荷载，原本发生的变形可以完全消除，试验曲线上变化的点按原路返回到零。

当试件拉伸超过弹性范围时，如拉伸到强化阶段的 d 点，再卸除荷载。此时 d 点不再按原路返回，而是沿直线 dd' 回到点 d'，且直线 dd' 的斜率近似等于直线 Ob 的斜率。若继续缓慢对试件进行加载，从 σ-ε 曲线图上可以看出，此时曲线沿 $d'd$ 直线上升，至 d 点后又沿原来的 σ-ε 曲线变化。这种在强化阶段卸载又加载，导致材料的比例极限 σ_p 增高，塑形变形（延伸率 δ）降低的现象，称为**冷作硬化**或**加工硬化**。

若将试件加载到强化阶段后 d 后，放几天再加载，此时得到的应力-应变曲线如图 2-22 的 $d'dghi$ 曲线所示，从图中可以看出，比例极限（g 点）和强度极限 h 点都有明显增加，这种现象称为**冷拉时效**。建筑工地上的钢筋经过冷拉时效后，虽抗拉强度有所提高，但不能提高抗压强度，且塑性性能有所下降。所以工程实际中，对于构件受压或承受冲击振动的荷载，不建议进行冷拉时效处理。

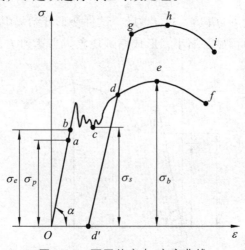

图 2-22　不同的应力-应变曲线

在机械工程材料这门课程里对冷作硬化现象还有另一种定义方式，即金属材料在常温或再结晶温度以下的加工产生强烈的塑性变形，使晶格扭曲、畸变，晶粒产生剪切、滑移，晶粒被拉长，这些都会使表面层金属的硬度增加，减少表面层金属变形的塑性，称为**冷作硬化**。切削加工中一般都会产生冷作硬化现象。

根据以上分析可知，发生冷作硬化现象表现出的材料特性为材料的硬度、强度、耐磨性提高，而塑性、韧性降低。对于含碳量不同的碳素钢，会采用不同的方法提高强度、硬度。如45号中碳钢，采用调质处理的办法，可以增加表面的硬度和强度等综合性能。而含碳量和合金元素含量不高的钢，如低碳钢一般不采用热处理来提高其强度和硬度，对其进行冷作硬化处理是一种比较好的选择，如冷轧、喷砂等。

在实际工程当中，产生冷作硬化的例子比较常见，比如火车钢轨使用的钢材硬度不高，但能使用很长时间，就是因为它能在受到摩擦的情况下产生冷作硬化现象，表面硬度越来越高。当然，冷作硬化现象也会有它的缺点，会在使材料硬度和强度提高的同时，使塑性指标下降。如在经过冲压模具的多次拉伸过程中，冷作硬化现象显著，塑性降低，阻碍材料进一步变形，会引起制品破裂。所以必须采取措施，例如中间退火工序来消除冷作硬化硬度提高的影响。

2. 其他金属材料在拉伸时的力学性能

1）塑性材料

如图 2-23 所示为几种其他塑性材料的 σ-ε 曲线。从图中可以看出，这些材料部分有明显的屈服阶段，部分没有，但都有弹性阶段和较大的延伸率（$\delta \geqslant 5\%$）。因为塑性材料的一个重要指标为屈服极限，对于没有明显屈服极限的塑性材料，国家标准（GB/T 228—2002）规定，通常取塑性应变为 0.2% 时的应力作为名义屈服极限，记作 $\sigma_{0.2}$，该值可以由如图 2-24 所示 σ-ε 曲线求出。

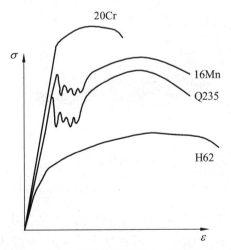

图 2-23　塑性材料的应力-应变曲线

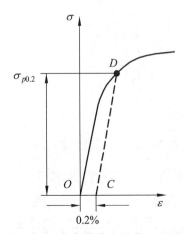

图 2-24　应力-应变曲线上的名义屈服极限值

2）铸 铁

对于脆性材料（铸铁），拉伸时的应力-应变曲线为微弯的曲线，没有屈服和颈缩现象，试件突然拉断。断后伸长率通常小于 0.5%，为典型的脆性材料。如图 2-25 所示，由于脆性材料的拉伸曲线变形很小，工程上常近似地将其看成一条割线（图中虚线），并认为材料一直到拉断都符合胡克定律。

铸铁等脆性材料的最大应力即为其拉伸强度极限 σ_{bt}，这是衡量脆性材料强度的唯一指标。因为脆性材料试件在很小的变形情况下就被拉断，因此没法像塑性材料那样用屈服极限和强度极限来衡量。

3. 材料在压缩时的力学性能

1）低碳钢压缩时的力学性能

国家标准同样对做压缩试验的杆件也有尺寸和形状规定，即压缩试件有两种截面形状：圆柱形和棱柱形。为了避免在试验时试件被压弯，通常高度和横截面的尺寸比值为 $\dfrac{h}{d} = 1.5 \sim 3$。试验条件同样是常温、静载。

如图 2-26 所示为低碳钢拉伸和压缩时的 σ-ε 曲线。从图中可以看出，拉伸与压缩曲线在应力达到屈服阶段以前基本相同，当应力超过屈服极限以后，由于材料有较大的塑性，因此越压越"扁"，没法测出其准确的抗压强度极限值。一般为了方便校核低碳钢的强度和刚度，认为其抗压性能和抗拉性能是相同的，这个结论对大多数金属都适用。

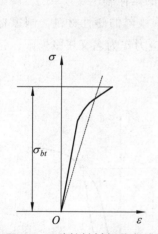

图 2-25　脆性材料拉伸曲线

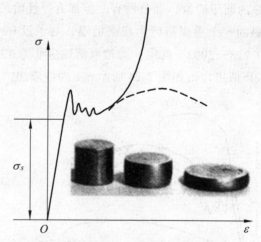

图 2-26　低碳钢拉伸与压缩形状图

2）铸铁压缩时的力学性能

铸铁的抗拉与抗压性能不完全相同，如图 2-27 所示为铸铁压缩与拉伸的应力-应变对比。从图中可以看出，试样在压缩变形很小的情况下，沿着与轴线呈 35°～45°的斜截面上发生破裂。铸铁的压缩 σ-ε 曲线没有明显的直线段，也没有屈服阶段，只能

测得抗压强度 σ_b，并且，从曲线图中可以对比发现，铸铁的抗压强度极限比抗拉强度极限高 4～5 倍，说明铸铁等脆性材料抗压不抗拉。所以在工程实际应用中，这类材料最好承受压应力。

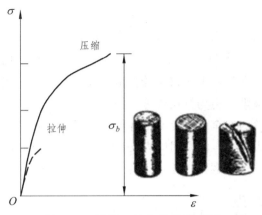

图 2-27　铸铁压缩与拉伸形状图

需要指出的是，本节讨论的材料力学性能，都是在常温、静载的情况下得到的，实际上，温度、加载速度和应力状态的变化，对材料的力学性能都有影响。如表 2-2 所示为常用工程材料的主要力学性能。

表 2-2　常用金属材料的力学性能（常温、静载）

材料名称	牌号	σ_s/MPa	σ_{bt}/MPa	σ_b/MPa	δ
低碳钢	Q235	216～235	373～470		25～27
碳素结构钢	45	353	598		16
低合金钢	16Mn	345	510		21
合金结构钢	40Cr	785	980		9
球墨铸铁		292	392		10
灰铸铁			98～390	640～1 300	<0.5
铝合金	LY12	274	412		19

2.6　许用应力、安全系数、强度条件

1. 许用应力和安全系数

由材料的力学性能可知，每种材料的承载能力是有限的，当应力达到一定的值而不能正常工作时，材料就会失效，这种引起材料失效的应力称为**极限应力** σ_u。

对于不同的材料,其极限应力是不一样的。如对于塑性材料,其抗拉不抗压,且大多数情况下认为材料的抗拉和抗压性能基本相同,所以,只需找到塑性材料的抗拉强度极限即可。根据前面的力学性能试验可知,当应力达到屈服极限 σ_s 时,虽然杆件未破坏,但此时杆件有显著的塑性变形,也将影响其正常工作。因此,对有明显屈服变形的塑性材料,用屈服极限作为其极限应力,即 $\sigma_u = \sigma_s$。对没有明显屈服变形的塑性材料,用名义屈服极限作为其极限应力,即 $\sigma_u = \sigma_{0.2}$。对于脆性材料,抗压能力远大于抗拉能力,一般脆性材料不建议承受拉应力作用。所以,当应力达到抗压强度极限时会发生断裂,其极限应力为抗压强度极限,即 $\sigma_u = \sigma_b$。

为了保证构件足够的安全,一般不用材料的极限应力 σ_u 作为设计依据,而是以材料所能允许承受的最大应力,即许用应力 $[\sigma]$ 作为依据。许用应力 $[\sigma]$ 为材料的极限应力除以一个大于1的安全系数 n,得

$$[\sigma] = \frac{\sigma_u}{n} \tag{2-11}$$

式中,$n > 1$ 是为了保证构件有一定的强度余量,因为在工程实际中,材料不可能像第1章假设的那样完美,构件的设定情况也不可能与实际完全吻合。而安全系数的选择也需要考虑很多因素:

(1)材料的力学性能:力学性能好的材料安全系数取小值,否则取大值。

(2)工程的重要性:一般涉及人的工程均为重要工程,工程越重要,安全系数取得值越大。

(3)工作环境:恶劣的工作环境安全系数取大值,如污染严重、温度、湿度及荷载变化较大时。

(4)使用年限:使用时间越长,安全系数值取越大。

(5)力学模型与实际工程的差距:两者间的差距越大,安全系数值取得越大。

若安全系数选小了,会影响构件的安全工作,若选高了,又浪费材料。所以安全系数是由国家指定专门机构制定的。一般构件在常温、静载情况下,塑性材料常取 $n = 1.5 \sim 2.5$,而对脆性材料常取 $n = 2.5 \sim 5.0$。

2. 强度条件

拉压杆的强度条件主要可以解决以下三方面的问题。

(1)为了保证构件安全有效的工作,应使构件内最大的工作应力不超过材料的许用应力,即

$$\sigma_{\max} = \left(\frac{F_N}{A}\right)_{\max} \leqslant [\sigma] \tag{2-12}$$

式(2-12)为拉压杆的强度条件。在已知材料横截面尺寸、构件各截面内力情况下,可以通过上式检验构件是否满足强度条件。

（2）设计截面。

在已知构件所用材料及受荷载情况，可以设计构件所需的最小横截面面积。

$$A \geqslant \frac{F_{N,\max}}{[\sigma]} \tag{2-13}$$

（3）确定许用荷载。

已知构件横截面面积和所用材料，可以确定所能承受的最大荷载。

$$F_{N,\max} \leqslant A[\sigma] \tag{2-14}$$

在计算中，若工作的最大 $\sigma_{\max}$ 不超过许用应力的5%，即 $\frac{\sigma_{\max}-[\sigma]}{[\sigma]} < 5\%$，则在工程中可以认为构件仍然安全。

例 2-7 如图 2-28（a）所示三角架结构，已知杆 *AC* 为圆形截面杆，杆的截面面积 $A_1 = 600 \text{ mm}^2$，许用应力为 $[\sigma_1] = 120 \text{ MPa}$。杆 *AB* 为矩形截面杆，杆的截面面积 $A_2 = 10^4 \text{ mm}^2$，$[\sigma_2] = 5 \text{ MPa}$，试求该结构的许可荷载 $[F]$。

解：（1）取 *A* 点进行受力分析，如图 2-28（b）所示，并列出平衡方程式：

$$\sum F_x = 0, \ -F_{N1}\cos\alpha + F_{N2} = 0$$

$$\sum F_y = 0, \ F_{N1}\sin\alpha - F = 0$$

解得

$$F_{N1} = 2F \ (拉力), \ F_{N2} = \sqrt{3}F \ (压力)$$

（2）求结构的许可荷载，由式（2-14）可知杆 *AC* 的许可轴力为

$$[F_{N1}] = A_1[\sigma_1]$$

所对应的许用荷载为

$$[F_1] = \frac{1}{2}[F_{N1}] = \frac{1}{2} \times 600 \times 10^{-6} \times 120 \times 10^6 = 36 \ (\text{kN})$$

同理，杆 *AB* 的许可轴力为

$$[F_{N2}] = A_2[\sigma_2]$$

所对应的许用荷载为

$$[F_2] = \frac{1}{\sqrt{3}}[F_{N2}] = \frac{1}{\sqrt{3}} \times 100 \times 100 \times 10^{-6} \times 5 \times 10^6 = 29 \ (\text{kN})$$

为了使结构安全正常工作，结构的许用荷载应取 $[F_2]$，即 36 kN。

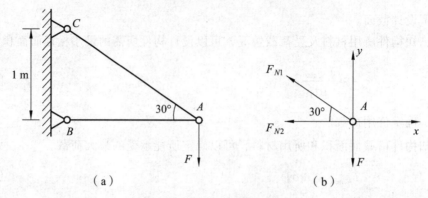

图 2-28　三角架结构受力

例 2-8　如图 2-29 所示，油缸盖与缸体采用 6 个螺栓连接。已知油缸内径 $D = 300\text{ mm}$，油压 $p = 1\text{ MPa}$，螺栓许用应力 $[\sigma] = 50\text{ MPa}$。试求螺栓的内径 d。

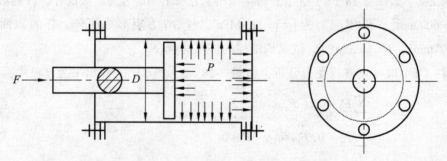

图 2-29　油缸盖与缸体受力

解：（1）油缸盖受到的力。

$$F = pA = \frac{\pi}{4}D^2 p$$

（2）若外力通过螺栓组的截面形心，则各个螺栓的变形和受力相等，则每个螺栓承受轴力为总压力的 1/6，即每个螺栓的轴力为

$$F_N = \frac{F}{6} = \frac{\pi}{24}D^2 p$$

（3）根据强度条件计算螺栓的内径，由式 $A \geqslant \dfrac{F_{N,\max}}{[\sigma]}$ 得

$$\frac{\pi d^2}{4} \geqslant \frac{\pi D^2 p}{24[\sigma]}$$

解得螺栓的直径为

$$d \geqslant \sqrt{\frac{D^2 p}{6[\sigma]}} = \sqrt{\frac{0.3^2 \times 10^6}{6 \times 50 \times 10^6}} = 17.3\ (\text{mm})$$

所以，每个螺栓的内径为 18 mm。

2.7 拉压杆超静定问题

1. 超静定的概念

如图 2-30（a）所示三角构架，两杆的轴力可以列平衡方程式求出。这种由静力平衡方程可确定全部未知力（包括支反力与内力）的问题，称为**静定问题**。

而有时由于未知力的个数多于方程个数，也就是根据静力平衡方程不能确定全部未知力的问题，称为**超静定问题**或**静不定问题**。如图 2-30（b）所示三杆桁架，若求杆件的轴力，根据已知条件只能列出 x、y 方向上的两个平衡方程。可见，单凭静力平衡方程不能求出全部的轴力，这种就是超静定问题。超静定问题中，多于维持平衡所必需的约束（支座或杆件）称为"多余"约束。多余约束的数目称为超静定次数。如图 2-30（b）所示为一次超静定问题。

工程中很多建筑结构的力学模型并不是静定结构，而是超静定结构。其原因是为了提高结构的强度和刚度，比如"鸟巢"国家体育场杆件结构中就大量采用超静定结构。

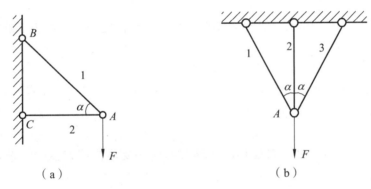

（a）　　　　　　　　　　　　　　　（b）

图 2-30 三角构架与超静定结构

2. 求解超静定问题的方法

为了求解超静定问题，列出平衡方程以后，还必须找到与超静定次数相同的补充方程。建立补充方程的关键是列出变形协调条件，也就是找到各杆变形或杆的各段变形间相互制约条件。超静定问题的基本思路为

（1）根据已知条件列平衡方程，并找到多余约束力的数量。

（2）按多余约束的数量，列出多余约束处的变形协调方程（几何相容方程）。

（3）将力与变形的物理关系（胡克定律）代入变形协调方程中，得到力的补充方程。

（4）联立平衡方程和补充方程求多余约束力。

例 2-9 如图 2-31 所示等直杆 AB，其上、下两端固定，已知在 C 点处作用一外力 F，杆的拉压刚度为 EA。试求

（1）固定端 A、B 的约束力。

（2）C 截面的位移。

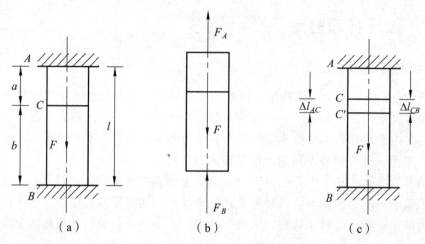

图 2-31　例 2-9 等直杆受力

解：（1）列出静力平衡方程，并判断超静定次数。

$$\sum F_x = 0,\ F_A + F_B - F = 0 \tag{2-15}$$

可以看出一个平衡方程，两个未知数，为一次超静定问题。无法求解，根据变形协调条件列补充方程。

（2）根据变形协调条件，建立变形几何方程。

可以看出，变形几何方程为 AC 段的伸长量数值 Δl_{AC} 等于 BC 段缩短量 Δl_{CB}，即

$$\Delta l_{AC} = \Delta l_{BC} \tag{2-16}$$

（3）列物理方程。将力与变形的物理关系代入变形协调方程中，得到力的补充方程：

$$\Delta l_{AC} = \frac{F_{NAC}a}{EA},\ \ \Delta l_{BC} = \frac{F_{NCB}b}{EA} \tag{2-17}$$

（4）求轴力。

由题和图可知

$$F_{NAC} = F_A\ (\text{拉力}),\ F_{NCB} = F_B\ (\text{压力}) \tag{2-18}$$

（5）求解固定端 A、B 的约束力。

将式（2-17）、（2-18）代入式（2-16）得

$$F_A a = F_B b \tag{2-19}$$

联立式（2-15）和式（2-19）得

$$F_A = \frac{F}{l}b,\ F_B = \frac{F}{l}a$$

（6）求 C 截面的位移。因为 $\Delta l_{AC} = \Delta l_{BC}$，因此由胡克定律得

$$\Delta_C = \Delta l_{AC} = \frac{F_{NAC} \cdot a}{EA} = \frac{Fab}{lEA}$$

C 截面的位移方向往下。

3. 温度应力和装配应力

1）温度应力

当温度发生变化时，静不定结构不会引起额外的应力，只会导致杆件几何尺寸的变化。如图 2-32（a）所示，杆件原长为 l，只有 A 端被固定，当温度变化杆件发生热胀冷缩时，杆件长度变化量为 Δl。此时再无外力作用的情况下，由截面法可以求得在任意横截面上杆件的轴力为零。

但在超静定结构中，当温度变化时，引起的变形会受到约束限制，因而会产生额外的应力，这个应力被称为**温度应力**。如图 2-32（b）所示的结构中，当温度升高时，B 端若不受限制，会伸长到 C 点。但此时 B 段被约束，杆件的伸长受到限制，必然会产生支反力 F_{RA} 和 F_{RB}，从而杆件内会有温度应力。

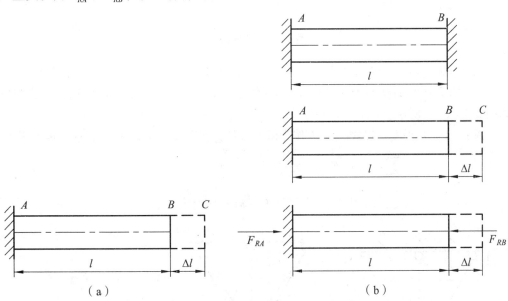

（a）　　　　　　　　　　　　　　（b）

图 2-32　静不定结构产生的温度应力

当温度变化比较大时，产生的温度应力不能忽略。工程中会根据不同的情况采取一些措施，来避免或减轻温度应力造成的不良影响。如混凝土路面各段之间会留有变形缝；楼房建筑物长度过长时，会设置温度缝。铁路上无缝线路的长钢轨在温度变化时由于不能自由伸缩，其横截面上会产生相当可观的温度应力，钢轨温度每改变 1 ℃，每根钢轨就会承受 16.45 kN 的压力或拉力。所以，对于现在无缝线路钢轨由热胀冷缩产生的温度应力，主要是靠弯曲来调节，但不能完全消除，还是会留有一定的内应力。

2）装配应力

如图 2-33（a）所示，由于尺寸上的制造误差，两个杆件分别在 C、C_1 点连接时，只会引起杆件尺寸的变化，而无额外的应力产生。所以，静定结构装配时不产生额外应力，只引起结构几何形状的微小改变。但在如图 2-33（b）所示杆件结构中，3 杆由于制造误差较 1、2 杆的装配位置短了一小节，若要把 1、2、3 杆装配在一起，必然会引起 3 杆伸长、1、2 杆缩短。此时 3 杆装配在 A_1 点，3 根杆件不仅在尺寸上发生变化，而且产生了额外的应力。这种由于制造误差，将杆件强行装配在一起，从而产生额外的应力叫**装配应力**。

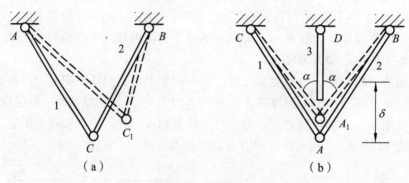

图 2-33 装配应力

例 2-10 如图 2-34（a）所示杆系结构中，已知杆 3 的长度尺寸比设计尺寸 l 短了 δ，1 杆和 2 杆的刚度相等为 EA，3 杆刚度为 E_3A_3。试求装配后三杆的轴力，装配后如图 2-34（b）所示。

解：（1）列平衡方程式。取 A' 作为研究对象，如图 2-34（c）所示，列平衡方程为

$$\sum F_x = 0, \quad F_{N1}\sin\alpha - F_{N2}\sin\alpha = 0 \tag{2-20}$$

$$\sum F_y = 0, \quad F_{N3} - F_{N1}\cos\alpha - F_{N2}\cos\alpha = 0 \tag{2-21}$$

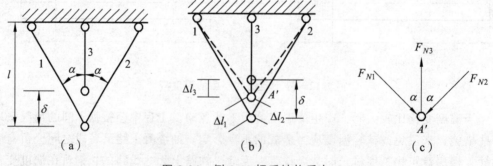

图 2-34 例 2-10 杆系结构受力

（2）列变形协调补充方程。从图 2-34（b）中可以看出，三杆最终会在 A' 点连接，1、2 杆的缩短量加上 3 杆的伸长量就等于 δ，所以有

$$\Delta l_3 + \frac{\Delta l_1}{\cos \alpha} = \delta \qquad (2\text{-}22)$$

（3）列物理方程。由胡克定律得

$$\Delta l_1 = \frac{\dfrac{F_{N1}l}{\cos \alpha}}{EA}, \quad \Delta l_3 = \frac{F_{N3}l}{E_3 A_3} \qquad (2\text{-}23)$$

结合式（2-22）、（2-23）得

$$\frac{F_{N1}l}{EA \cos^2 \alpha} + \frac{F_{N3}l}{E_3 A_3} = \delta \qquad (2\text{-}24)$$

联立式（2-20）、（2-21）、（2-24）得

$$F_{N1} = F_{N2} = \frac{EA}{\dfrac{1}{\cos^2 \alpha} + \dfrac{2EA}{E_3 A_3} \cos \alpha} \frac{\delta}{l} \ (\text{压力})$$

$$F_{N3} = \frac{E_3 A_3}{1 + \dfrac{E_3 A_3}{2 \cos^3 \alpha EA} \cos \alpha} \frac{\delta}{l} \ (\text{拉力})$$

2.8　应力集中的概念

前面介绍的杆件都是均质连续材料的等直杆，在受轴向外力的作用下，横截面上的正应力都是均匀分布的。但在工程实际中，在构件上钻孔、开沟槽、车螺纹等均会造成横截面形状和尺寸改变，进而导致截面上正应力不再均匀分布。如图 2-35 所示为开有小孔的板件，在外力的作用下小孔边界上的应力急剧增加，而在离开小孔边缘稍远处应力又逐渐趋于平缓。工程中这种由于杆件横截面骤然变化而引起的应力局部急剧增大的现象，称为**应力集中**。

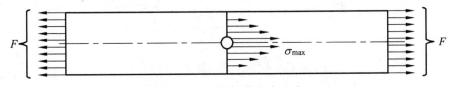

图 2-35　开孔板件应力分布

应力集中的程度用应力集中因素 K_t 来表示：

$$K_t = \frac{\sigma_{\max}}{\sigma_n} \qquad (2\text{-}25)$$

式中，$\sigma_{\max}$ 为最大局部应力；σ_n 为名义应力，即截面突变的横截面上 $\sigma_{\max}$ 作用点处，按不考虑应力集中时得出的应力。若对于轴向拉压的情况则为横截面上的平均应力。

构件的形状尺寸和材料均对应力集中有影响：

（1）形状尺寸对应力集中的影响表现为尺寸变化越急剧、角越尖、孔越小，应力集中的程度越严重。

（2）对于塑性材料制成的杆件受静荷载时，通常可不考虑应力集中的影响。而对于脆性材料要分两种情况：一种是均匀的脆性材料或塑性差的材料（如高强度钢）制成的杆件，即使受静荷载时也要考虑应力集中的影响；另一种是非均匀的脆性材料，如铸铁，其本身就因存在气孔等引起应力集中的内部因素，故可不考虑外部因素引起的应力集中。

例 2-11　如图 2-36 所示板件，板上钻了 4 个小孔，孔的直径为 $d = 10 \text{ mm}$，$b = 50 \text{ mm}$，$t = 10 \text{ mm}$。材料的许用应力为 $[\sigma] = 60 \text{ MPa}$。在两端拉力 $F = 20 \text{ kN}$ 作用下，试求

（1）指定 1—1、2—2、3—3 截面上的应力。

（2）试校核板的强度。

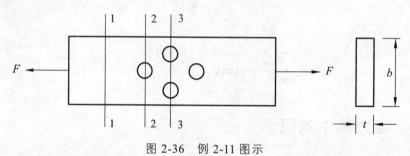

图 2-36　例 2-11 图示

解：（1）求指定截面上的轴力。由截面法可求板件上的内力，并假设轴力为拉力，经过分析可知三个指定截面上的轴力相同。即

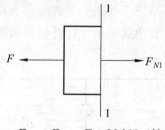

$$F_{N1} = F_{N2} = F_{N3} = F = 20 \text{ kN （拉力）}$$

（2）计算指定截面上的应力。由于各个指定截面轴力相同，但面积不同，须分别求出。

1—1 截面：

$$A_1 = b \times t = 50 \times 10 = 5 \times 10^{-4} \ (\text{m}^2)$$

$$\sigma_1 = \frac{F_{N1}}{A_1} = \frac{20 \times 10^3}{5 \times 10^{-4}} = 40 \ (\text{MPa})$$

2—2 截面：

$$A_2 = (b-d) \times t = 40 \times 10 = 4 \times 10^{-4} \ (\text{m}^2)$$

$$\sigma_2 = \frac{F_{N2}}{A_2} = \frac{20 \times 10^3}{4 \times 10^{-4}} = 50 \ (\text{MPa})$$

3—3 截面：

$$A_3 = (b-2d) \times t = 30 \times 10 = 3 \times 10^{-4} \ (\text{m}^2)$$

$$\sigma_3 = \frac{F_{N3}}{A_3} = \frac{20 \times 10^3}{3 \times 10^{-4}} = 67 \ (\text{MPa})$$

（3）校核板件的强度。只要板件上最大应力处（危险截面）满足强度条件，即整个板件都安全。从以上分析可知，3—3 截面处的应力最大，所以

$$\sigma_3 = 67 \ \text{MPa} > [\sigma]$$

又因为

$$\frac{\sigma_3 - [\sigma]}{[\sigma]} = \frac{67 - 60}{60} = 12\% > 5\%$$

所以，板件不满足强度要求。

2.9 连接件的强度计算

1. 工程中的连接件

在实际工程当中，构件通常需要连接件互相连接起来组成结构，以实现力和运动的传动。常用的连接件有销钉、铆钉、螺栓、键、焊缝、榫头等。如图 2-37 所示：（a）为地铁列车轨道与枕木用高强螺栓连接；（b）为起重吊钩上端的螺栓连接；（c）为两块板件之间采用铆钉连接；（d）为销钉连接。

（a）

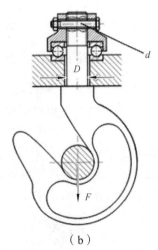

（b）

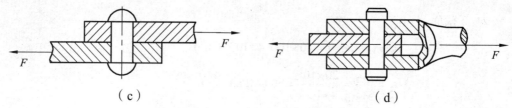

（c）　　　　　　　　　　　　　　　（d）

图 2-37　工程构件的连接方式

　　在工程结构中，虽然各构件之间的连接方式不同，但连接件的受力和变形大致相同。现以铆钉连接为例来说明各构件与连接件间的受力及破坏关系。如图 2-38 所示，构件受两组大小相等、方向相反、作用线相互很近的平行力系的作用。其变形特点：两力间的各个截面沿两组平行力系的交界面发生相对错动，即产生剪切变形。发生相对错动的面为剪切面，且剪切面与外力方向平行。

　　铆钉破坏试验表明，连接处的破坏可能性有三种。

　　（1）**剪切破坏**，即沿铆钉的剪切面剪断，如沿 *m—m* 面剪断。

　　（2）**挤压破坏**：铆钉与钢板在相互接触面上因挤压而使连接松动，发生破坏。

　　（3）**拉伸破坏**：钢板在受铆钉孔削弱的截面处，应力增大，易在连接处拉断。

　　当然其他的连接也都有类似的破坏可能性。连接件在连接结构中所占的体积虽小，但其受力和变形情况很复杂。若要精确分析它们所受的应力是很困难的。因此，工程实际中常采用实用计算方法。

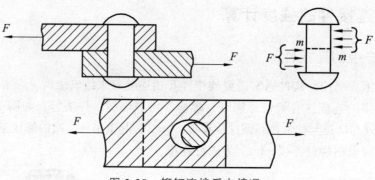

图 2-38　铆钉连接受力情况

2. 剪切强度的实用计算

　　仍以如图 2-38 所示铆钉连接为例，铆钉在大小相等、方向相反的两组外力作用下，会在 *m—m* 剪切面发生相对错动。假想将铆钉沿 *m—m* 面截开，无论取哪一部分为研究对象，为保持平衡，在剪切面上必然存在一个与外力相平衡的内力 F_s，此内力称为**剪力**，如图 2-39（a）所示。剪切面上的应力为**切应力**，由于剪切面上的切应力分布情况较复杂，为便于计算，可以假设切应力在剪切面上是均匀分布的，其方向与 F_s 相同，如图 2-39（b）所示。假设在剪切面上均匀分布的切应力为名义切应力 τ，于是有

$$\tau = \frac{F_s}{A}$$

- 40 -

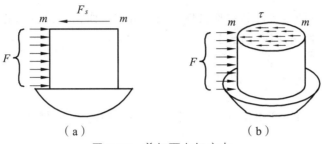

图 2-39 剪切面上切应力

为了保证铆钉安全可靠工作，要求铆钉能承受的最大切应力 $\tau_{\max}$ 不超过材料的许用应力 $[\tau]$，即

$$\tau_{\max} = \frac{F_s}{A_s} \leqslant [\tau] \qquad\qquad (2\text{-}26)$$

式中，A_s 为剪切面积，许用应力值 $[\tau] = \dfrac{\tau_u}{n}$，其中 τ_u 为剪切极限应力，可通过材料的剪切破坏试验确定，n 为安全系数。

3. 挤压强度的实用计算

仍然以铆钉连接为例，从图 2-38 中可以看出，在连接件中除了发生剪切破坏以外，还会在连接件相互接触的局部区域发生塑性变形或挤压破坏。在铆钉与钢板相互接触的侧面上，将发生彼此间的局部承压变形现象，称为**挤压**。在接触面上的压力，称为**挤压力 F_{bs}**，若挤压力过大，可能引起铆钉压扁或钢板在孔缘压皱，从而导致连接松动乃至失效。由挤压力引起的应力叫**挤压应力 σ_{bs}**，同切应力，挤压应力在连接件相互接触的侧面上分布情况也较复杂，所以也采用实用计算法。即假设挤压应力在挤压面上也是均匀分布的，表示为

$$\sigma_{bs} = \frac{F_{bs}}{A_{bs}}$$

式中，A_{bs} 为有效挤压面积。从图 2-40 中可以看出，实际的挤压面是半个圆柱面，挤压面上的挤压力并不是均匀分布的，且最大的挤压力发生在挤压面的中点处。前面已假设挤压应力在挤压面上是均匀分布的，所以，为了简便计算，把实际的挤压面当成有效挤压面积 A_{bs} 来处理，即把实际挤压面的半个圆柱面投影到径向投影面上。而对于键连接和木榫接头，其挤压面积 A_{bs} 为平面，就按实际的挤压面积来计算即可。

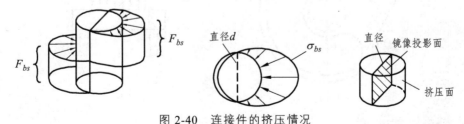

图 2-40　连接件的挤压情况

同样，为了保证连接件和被连接件的安全可靠工作，其所能承受的最大挤压应力 σ_{bs} 小于材料的许用挤压应力 $[\sigma_{bs}]$，即

$$\sigma_{bs} = \frac{F_{bs}}{A_{bs}} \leqslant [\sigma_{bs}] \tag{2-27}$$

对于不同的材料，许用拉应力 $[\sigma]$ 与许用切应力 $[\tau]$ 和许用挤压应力 $[\sigma_{bs}]$ 之间有如下关系。

对于塑性材料：$[\tau] = (0.6 - 0.8)[\sigma]$，$[\sigma_{bs}] = (1.7 - 2.0)[\sigma]$。

对于脆性材料：$[\tau] = (0.8 - 1.0)[\sigma]$，$[\sigma_{bs}] = (0.9 - 1.5)[\sigma]$。

如果连接件和被连接件的材料不同，应按许用挤压应力较小的构件进行强度校核。

例 2-12 如图 2-41（a）所示起重吊钩，吊钩螺纹内径为 $D = 60 \text{ mm}$，上端用一直径为 $d = 10 \text{ mm}$ 的螺栓固定。已知 $F = 180 \text{ kN}$，吊钩的许用应力为 $[\sigma] = 90 \text{ MPa}$，螺栓的许用切应力为 $[\tau] = 1.2 \text{ GPa}$。试校核该结构的强度。

解：（1）校核螺栓的剪切强度。从如图 2-41（b）所示螺栓受力简化图，可知

剪切力：

$$F_s = F = 180 \text{ kN}$$

剪切面积：

$$A_s = \frac{\pi d^2}{4} = \frac{3.14 \times 100 \times 10^{-6}}{4} = 7.85 \times 10^{-5} \text{ (mm}^2\text{)}$$

校核剪切强度：

$$\tau_{\max} = \frac{F_s}{2A_s} = \frac{180 \times 10^3}{2 \times 7.85 \times 10^{-5}} = 1.1 \text{ (GPa)} < [\tau]$$

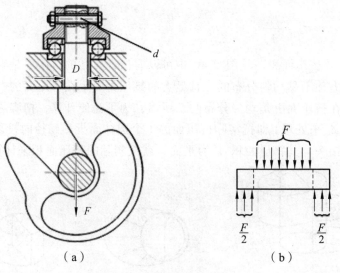

（a）　　　　　　　　（b）

图 2-41　起重吊钩受力

（2）校核吊钩的拉伸强度。

轴力：

$$F_N = F = 180 \text{ kN}$$

横截面积：

$$A = \frac{\pi D^2}{4} = \frac{3.14 \times 3\,600 \times 10^{-6}}{4} = 2.826 \times 10^{-3} \ (\text{mm}^2)$$

校核强度：

$$\sigma_{\max} = \frac{F_N}{A} = \frac{180 \times 10^3}{2.826 \times 10^{-3}} = 63 \ (\text{MPa}) < [\sigma]$$

综上分析，该结构的强度满足要求。

例 2-13　如图 2-42 所示铆接件，已知钢板和铆钉材料相同，许用应力 $[\tau] = 180 \text{ MPa}$，$[\sigma] = 150 \text{ MPa}$，$[\sigma_{bs}] = 320 \text{ MPa}$；铆钉直径 $d = 15 \text{ mm}$，轴向外力 $F = 120 \text{ kN}$，板件尺寸为 $b = 100 \text{ mm}$，$t = 10 \text{ mm}$。试校核其连接强度。

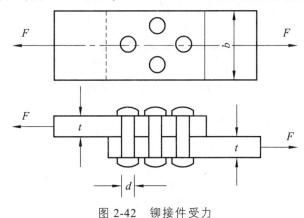

图 2-42　铆接件受力

解：（1）受力分析。当外力作用线经过螺栓组形心时，各铆钉的变形和受力相等，则每个铆钉受到的作用力为

$$F_1 = \frac{F}{n} = \frac{F}{4}$$

（2）校核铆钉的剪切强度。每个铆钉受剪切的面积为

$$A_s = \frac{\pi d^2}{4}$$

根据切应力强度条件：

$$\tau = \frac{F_S}{A_s} = \frac{\dfrac{F}{4}}{\dfrac{\pi}{4} d^2} = \frac{120 \times 10^3}{\pi \times 15^2 \times 10^{-6}} = 169.9 \ (\text{MPa}) \leqslant [\tau]$$

可见，铆接件满足切应力强度条件。

（3）校核挤压强度。

挤压力：

$$F_{bs} = F_1$$

挤压面的面积：

$$A_{bs} = td$$

因此，根据挤压强度条件有

$$\sigma_{bs} = \frac{F_{bs}}{A_{bs}} = \frac{120 \times 10^3}{4 \times 10 \times 15 \times 10^{-6}} = 200 \ (\text{MPa}) < [\sigma_{bs}]$$

所以，挤压强度满足。

（4）校核钢板的抗拉强度。钢板的受力划分截面情况如图 2-43 所示。

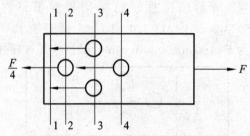

图 2-43　钢板的受力划分截面

求所指定截面的轴力，假设轴力为拉力。

1—1 截面：

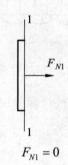

$$F_{N1} = 0$$

2—2 截面：

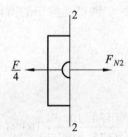

$$F_{N2} - \frac{F}{4} = 0, \ F_{N2} = \frac{F}{4} \ (\text{拉力})$$

3—3 截面：

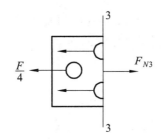

$$F_{N2} - \frac{3F}{4} = 0, \ F_{N2} = \frac{3F}{4} \ (拉力)$$

4—4 截面：

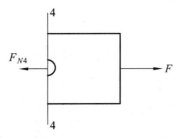

$$F_{N2} - F = 0, \ F_{N2} = F \ (拉力)$$

所以，轴力图如图 2-44 所示。

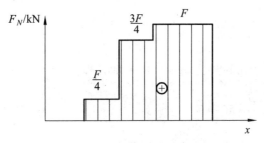

图 2-44　各截面的轴力图

从图中可以看出 1—1 截面和 3—3 截面的横截面积相等，但 3—3 截面处的轴力较大，所以只需校核 3—3 截面即可；而 2—2 截面无法判断其是否满足要求，所以需要校核其大小。

2—2 截面：

$$\sigma = \frac{F_{N2}}{(b-2d)t} = 128.5 \ (\mathrm{MPa}) < [\sigma]$$

3—3 截面：

$$\sigma = \frac{F_{N3}}{(b-d)t} = 141 \ (\mathrm{MPa}) < [\sigma]$$

故各截面满足抗拉强度。

例 2-14　如图 2-45 所示齿轮用平键与轴连接，已知轴的直径 $d = 70 \ \mathrm{mm}$，键的尺

寸为 $b \times h \times l = 20\ \text{mm} \times 12\ \text{mm} \times 100\ \text{mm}$，传递的扭转力偶矩 $M_e = 2\ \text{kN} \cdot \text{m}$，键的许用应力 $[\tau] = 60\ \text{MPa}$，$[\sigma_{bs}] = 100\ \text{MPa}$。试校核键的强度。

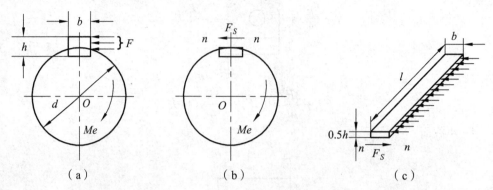

图 2-45　例 2-14 与轴连接平键受力

解：（1）校核键的剪切强度。

如图 2-45（b）所示，剪切面积：

$$A_s = bl \tag{2-28}$$

根据剪切面的切应力得

$$\tau = \frac{F_s}{A_s} = \frac{F_s}{bl} \tag{2-29}$$

剪力对圆心 O 的矩等于扭转外力偶矩，由平衡方程：

$$F_s \cdot \frac{d}{2} - M_e = 0 \tag{2-30}$$

将式（2-28）、（2-29）代入式（2-30）得

$$\tau = \frac{2M_e}{bld} = \frac{2 \times 2000}{20 \times 100 \times 70 \times 10^{-9}} = 28.6 \times 10^6 = 28.6\ (\text{MPa}) < [\tau]$$

（2）校核键的挤压强度。

如图 2-45（c）所示，计算挤压面积为

$$A_{bs} = \frac{h}{2}l \tag{2-31}$$

根据挤压面上的挤压应力得

$$\sigma_{bs} = \frac{F_{bs}}{A_{bs}} = \frac{F_{bs}}{\dfrac{h}{2}l} \tag{2-32}$$

因为

$$F_s = F_{bs} \qquad\qquad (2\text{-}33)$$

结合式（2-30）~式（2-33）得

$$\sigma_{bs} = \frac{2b\tau}{h} = \frac{2(20\times10^{-3})(28.6\times10^{6})}{12\times10^{-3}} = 95.3\times10^{6} = 95.3\,(\text{MPa}) < [\sigma_{bs}]$$

综上分析，平键满足强度要求。

习　题

（1）轴力的作用线与杆的轴线重合，并且拉压杆的内力只有轴力，轴力是沿杆作用的外力，请问这段话对不对？为什么？请说明理由。

（2）试求如图 2-46 所示各杆截面上的轴力，并作出轴力图。

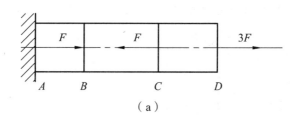

（a）

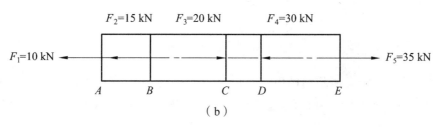

（b）

图 2-46　习题（2）图示

（3）如图 2-47 所示阶梯杆 AD 受 3 个集中力 F 作用，设 AB、BC、CD 段的横截面面积分别为 3A、2A、A，试求各截面上的轴力、应力，并作出轴力图。

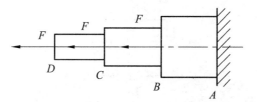

图 2-47　习题（3）图示

（4）如图 2-48 所示拉杆轴向拉力 $F = 10\,\text{kN}$，杆的横截面为 $A = 100\,\text{mm}^2$，α 表示横截面与斜截面的夹角。试求 $\alpha = 0°$、$30°$、$45°$、$90°$ 时各截面上的正应力和切应力。

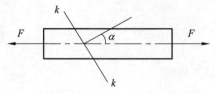

图 2-48　习题（4）图示

（5）如图 2-49 所示拉伸试件，其横截面积 $A = 1\,000\,\text{mm}^2$，在试验过程中，两端的荷载每增加 $3\,\text{kN}$，所测的纵向线应变 $\varepsilon = 120 \times 10^{-6}$，横向线应变 $\varepsilon' = -40 \times 10^{-6}$。试求试件材料的弹性模量 E 和泊松比 ν。

图 2-49　习题（5）图示

（6）现有钢、铸铁两种棒材，其直径相同，如图 2-50 所示结构，从承载能力和经济效益两方面考虑，两杆的选材合理方案是什么？

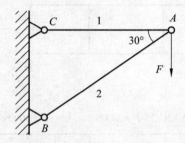

图 2-50　习题（6）图示

（7）在如图 2-51 所示结构中，已知 $F = 100\,\text{kN}$，销钉直径为 $d = 30\,\text{mm}$，材料的许用切应力 $[\tau] = 50\,\text{MPa}$，试校核该结构的强度，若强度不够，请重新选择销钉的直径 d。

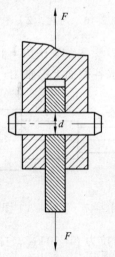

图 2-51　习题（7）图示

（8）如图 2-52 所示销钉式安全联轴器所传递的扭矩须小于 300 N·m，否则销钉会被剪断。已知轴的直径 $D = 30$ mm，销钉的剪切极限应力 $\tau = 300$ MPa，试设计销钉直径 d。

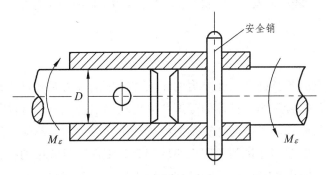

图 2-52　习题（8）图示

（9）木榫接头如图 2-53 所示，已知 $a = b = 100$ mm，$h = 300$ mm，$c = 40$ mm，$F = 50$ kN，试求接头的剪切和挤压应力。

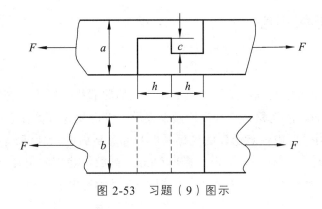

图 2-53　习题（9）图示

第3章 截面图形的几何性质

材料力学研究的各类杆件，在外力的作用下产生的应力和变形，都与杆件的形状和尺寸有关。工程实践证明，杆件的强度、刚度和稳定性也与杆件的几何形状和尺寸有关。例如，在前面章节所讲的计算轴向拉（压）杆应力和变形时，用到的横截面面积 A，以及在后面章节即将讲到的圆周扭转应力和变形计算式中的扭转极惯性矩 I_P，还有在平面弯曲计算中用到的横截面轴惯性矩 I_z 等，这些反映截面形状和尺寸有关的几何量，统称为**截面图形的几何性质**。本章将要讨论的几何量主要包括形心、静矩、惯性矩和极惯性矩等。

3.1 静矩和形心

1. 静 矩

静矩是指平面图形或截面面积对同平面内某轴的面积一次矩。其概念与力矩类似，即面积与它到轴的距离之积，符号一般用 S 表示。设面积为 A 的任意截面如图 3-1 所示，坐标系 Ozy 为平面内任意选取的坐标系。为计算截面面积 A 对 z 轴或 y 轴的静矩，从截面中坐标为 (z, y) 的任一点处取一微面积 dA，则根据静矩的定义，zdA 和 ydA 分别称为微面积 dA 对于 y 轴和 z 轴的静矩，分别用 dS_y 和 dS_z 表示，则

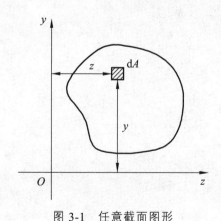

图 3-1 任意截面图形

$$dS_z = ydA$$
$$dS_y = zdA$$

（3-1）

将式（3-1）在整个截面上对面积积分，就分别得到该截面对 z 轴和 y 轴的静矩或一次矩。

$$S_z = \int_A y\mathrm{d}A$$
$$S_y = \int_A z\mathrm{d}A$$

（3-2）

从定义可知，静矩不仅与平面图形的形状尺寸有关，还与所选坐标轴的位置有关，即同一平面图形对不同的坐标轴，其静矩不同。得到的静矩值可以是正值、负值或零。静矩的量纲为长度的三次方，即单位符号可以为 m^3、cm^3、mm^3。

静矩还有以下规律，下面举例说明。如图 3-2 所示矩形，现根据静矩的定义，分别取平行于 z 轴和 y 轴的微小面积，并求出其对 z 轴、y 轴及其对称轴 z_c 的静矩。

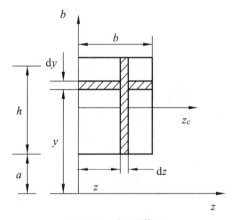

图 3-2　矩形截面

$$\begin{cases} S_z = \int_A y\mathrm{d}A = \int_a^{a+h} yb\mathrm{d}y = \dfrac{by^2}{2}\Big|_a^{a+h} = bh\left(a+\dfrac{h}{2}\right) = Ay_0 \\[3mm] S_y = \int_A z\mathrm{d}A = \int_0^b zh\mathrm{d}z = \dfrac{hz^2}{2}\Big|_0^b = bh\dfrac{b}{2} = Az_0 \\[3mm] S_{z_c} = \int_A y\mathrm{d}A = \int_{-\frac{h}{2}}^{\frac{h}{2}} yb\mathrm{d}y = \dfrac{by^2}{2}\Big|_{-\frac{h}{2}}^{\frac{h}{2}} = 0 \end{cases}$$

（3-3）

式（3-3）中，设矩形的面积为 A，$\left(a+\dfrac{h}{2}\right)$ 为 y_0，$\dfrac{b}{2}$ 为 z_0，并且注意到 z_0、y_0 所在的位置正好是矩形对称轴 z_c、y_c 所在的位置，则可以简化为

$$\begin{cases} S_z = Ay_c \\ S_y = Az_c \\ S_{z_c} = 0 \end{cases}$$

（3-4）

式（3-4）可以作为公式使用，即图形对某轴的静矩可以等于该图形的面积与该图形对称轴的位置的乘积，并且图形对对称轴的静矩一定为零。如图 3-3 所示，由静矩的定义，取微面积对 y 轴的静矩：

$$zdA + (-zdA) = 0$$

微静矩对整个图形进行积分，得

$$\int_{A_1} zdA + \int_{A_2} (-zdA) = 0$$

可以看出

$$S_y = S_{y右} + S_{y左} = 0$$

所以，图形对对称轴的静矩一定为零。

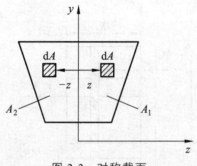

图 3-3　对称截面

2. 形　心

对于均质等厚薄板，在 z-y 坐标中，可由式（3-4）得出形心坐标为

$$z_c = \frac{\int_A zdA}{A}, \quad y_c = \frac{\int_A ydA}{A} \tag{3-5}$$

平面图形的形心位置如图 3-4 所示，若将此截面看作是厚度很小的均质等厚薄板，则其三心（中心、重心、形心）合一，它的形心即为重心。

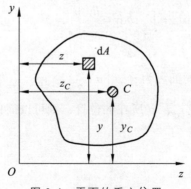

图 3-4　平面的重心位置

若某一坐标轴通过形心，则称此轴为形心轴。从图3-2中可以看出，对称轴z_c为形心轴，且平面图形对对称轴的静矩一定为0，那么平面图形对过形心轴的静矩也为0，反之平面图形对某轴的静矩为0，则此轴一定过平面图形的形心。

对于一些简单的平面图形，可以根据其对称轴的情况来确定其形心位置。

（1）图形有一条对称轴时，形心必在此对称轴上，具体位置可以通过形心坐标公式计算后确定。

（2）图形有两个对称轴时，形心必在两对称轴的交点处。

3. 组合截面的静矩与形心

由几个简单图形（矩形、圆形、三角形等）组成的平面图形称为组合图形。在工程结构中，常常碰到此类图形，如图3-5所示。

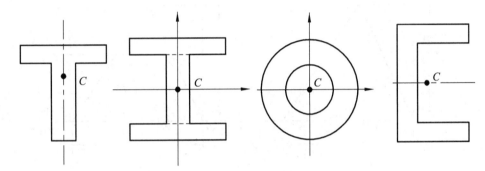

图3-5 不同的组合图形

由于图形各组成部分对于某一轴的静矩之代数和，就等于整个图形对于同一轴的静矩。因此由式（3-2）可得组合图形静矩的计算公式：

$$S_z = \sum_{i=1}^{n} S_{zi} = \sum_{i=1}^{n} A_i y_i , \quad S_y = \sum_{i=1}^{n} S_{yi} = \sum_{i=1}^{n} A_i z_i \tag{3-6}$$

由式（3-5）可得平面图形的形心c坐标公式如下：

$$y_c = \frac{S_z}{A} = \frac{\sum_{i=1}^{n} A_i y_i}{\sum_{i=1}^{n} A_i} , \quad Z_c = \frac{S_y}{A} = \frac{\sum_{i=1}^{n} A_i z_i}{\sum_{i=1}^{n} A_i} \tag{3-7}$$

其中，A_i为第i个简单图形的面积；(z_i, y_i)为第i个简单图形的形心坐标。

例3-1 如图3-6（a）所示三角形底边为b，高为h，试求截面对其底边重合的z轴的静矩。

解：（方法一）根据定义，可将三角形分割为若干个平行于z轴的微面积元，取其中一微面积dA为研究对象，如图3-6（b）所示阴影部分面积为

$$dA = b(y)dy$$

由相似三角关系，可知

$$b(y) = \frac{b}{h}(h - y)$$

则

$$\mathrm{d}A = \frac{b}{h}(h - y)\mathrm{d}y$$

因此可得

$$S_z = \int_A y\mathrm{d}A = \int_0^h y \frac{b}{h}(h - y)\mathrm{d}y = \frac{1}{6}bh^2$$

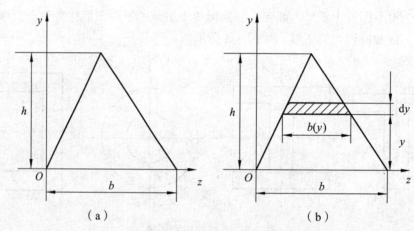

图 3-6 例 3-1 三角形静矩求解

（方法二）由式（3-4）可知三角形形心坐标 $y_c = \dfrac{h}{3}$，面积 $A = \dfrac{1}{2}bh$，则三角形截面的静矩为

$$S_z = Ay_c = \frac{1}{2}bh \times \frac{1}{3}h = \frac{1}{6}bh^2$$

例 3-2 试计算图 3-7 所示半圆为 R 的圆形截面对其底边重合的 z 轴的静矩，以及形心坐标。

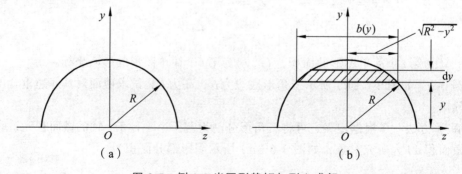

图 3-7 例 3-2 半圆形静矩与形心求解

解:（1）计算静矩，根据定义取平行于 z 轴的微面积 $\mathrm{d}A$ 为研究对象，则

$$\mathrm{d}A = b(y)\mathrm{d}y = 2\sqrt{R^2 - y^2}\,\mathrm{d}y$$

由静矩的定义得

$$S_z = \int_A y\mathrm{d}A = \int_0^R 2y\sqrt{R^2 - y^2}\,\mathrm{d}y = \frac{2}{3}R^3$$

（2）计算形心坐标，可以看出 y 轴为截面的对称轴，则 $z_c = 0$

由式（3-4）可得形心点的 y 轴坐标为

$$y_c = \frac{S_z}{A} = \frac{\dfrac{2}{3}R^3}{\dfrac{1}{2}\pi R^2} = \frac{4R}{3\pi}$$

例 3-3 试确定如图 3-8 所示 T 形截面的形心坐标，单位 mm。

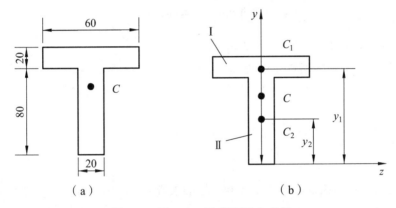

（a）　　　　　　　　　　　（b）

图 3-8　例 3-3 T 形截面形心求解

解: T 形截面为组合图形，可以把截面划分为矩形 I 和矩形 II，由于 y 轴为截面的对称轴，所以形心坐标 $z_c = 0$，则形心点的 y 轴坐标可由式（3-7）计算得到

矩形 I：$A_\mathrm{I} = 20 \times 60 = 1\,200\,(\mathrm{mm}^2)$，$y_\mathrm{I} = \dfrac{1}{2} \times 20 + 80 = 90\,(\mathrm{mm})$

矩形 II：$A_\mathrm{II} = 20 \times 80 = 1\,600\,(\mathrm{mm}^2)$，$y_\mathrm{I} = \dfrac{1}{2} \times 80 = 40\,(\mathrm{mm})$

由组合截面形心坐标计算式有

$$y_c = \frac{A_1 y_1 + A_2 y_2}{A_1 + A_2} = \frac{1\,200 \times 90 + 1\,600 \times 40}{1\,200 + 1\,600} = 61.4\,(\mathrm{mm})$$

3.2　惯性矩和惯性积

1. 惯性矩

惯性矩是指平面图形或截面面积对同平面内某轴的面积二次矩，即是面积与它到

轴的距离的平方之积。设任意截面图形如图 3-9 所示，其面积为 A，Ozy 为截面图形的直角坐标系。为计算截面图形对 z 轴或 y 轴的惯性矩，从图上任取一微面积 dA，若 dA 到 z 轴的距离为 y，到 y 轴的距离为 z，则根据惯性矩的定义有

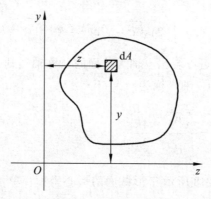

图 3-9　任意截面形状

微面积 dA 对 z 轴的惯性矩：$dI_z = y^2 dA$

微面积 dA 对 y 轴的惯性矩：$dI_y = z^2 dA$

则由定义得

$$\begin{cases} I_z = \int_A y^2 dA \\ I_y = \int_A z^2 dA \end{cases} \tag{3-8}$$

其中，I_z、I_y 分别为截面图形对 z 轴和 y 轴的惯性矩。

惯性矩有以下几个特点：

（1）惯性矩的量纲为长度的四次方，单位符号为 m^4、cm^4、mm^4。

（2）惯性矩是对轴而言（轴惯性矩）。

（3）惯性矩的取值恒为正值。

（4）其大小不仅与平面图形的形状尺寸有关，而且还与平面图形面积相对于坐标轴的分布情况有关。平面图形的面积相对坐标轴越远，其惯性矩越大；反之，其惯性矩越小。

2. 惯性半径

工程中常把惯性矩表示为平面图形的面积与某一长度平方的乘积，即

$$\begin{aligned} I_z &= A i_z^2 \\ I_y &= A i_y^2 \end{aligned} \tag{3-9}$$

其中，i_z、i_y 为平面图形对 z 轴和 y 轴的**惯性半径**。截面图形对某一轴的惯性半径反映了截面面积分布相对该轴的靠近程度，此概念在压杆稳定性的研究中有重要的应用。

如图 3-10 所示工字钢截面简图，其对称轴分别为 z 轴和 y 轴，由相关手册查得 $i_z = 8.15\,\text{cm}$，$i_y = 2.12\,\text{cm}$，这个数据表明，工字钢截面面积更靠近 y 轴。

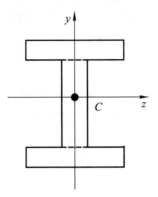

图 3-10　工字钢截面

3. 极惯性矩

极惯性矩是指截面图形面积对某点的二次矩，其具有惯性矩的特点，只是惯性矩是截面图形面积对轴的二次矩。如图 3-11 所示，可根据定义得出截面图形面积对 o 点的极惯性矩为

$$I_p = \int_A \rho^2 \mathrm{d}A \qquad\qquad (3\text{-}10)$$

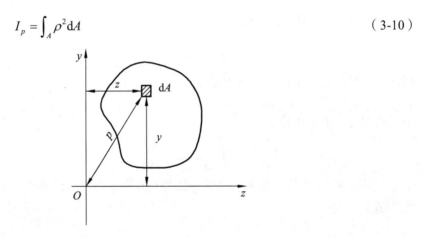

图 3-11　任意截面求极惯性矩

轴惯性矩与极惯性矩的关系：

$$
\begin{aligned}
I_p &= \int_A \rho^2 \mathrm{d}A = \int_A (z^2 + y^2)\,\mathrm{d}A \\
&= \int_A y^2 \mathrm{d}A + \int_A z^2 \mathrm{d}A \\
&= I_z + I_y
\end{aligned}
$$

即图形对任一相互垂直的坐标系的惯性矩之和恒等于此图形对该两轴交点的极惯性矩。

4. 惯性积

惯性积也是截面图形面积的二次矩，但它是对同一平面中两个正交轴的二次矩，而不是某一轴的二次矩，即图形对一对相互垂直的轴的矩。如图 3-11 所示，根据惯性积的定义可得

$$I_{yz} = \int_A yz\mathrm{d}A \qquad\qquad （3-11）$$

I_{yz} 为截面图形对同一平面内 z 轴和 y 轴的惯性积，惯性积有以下几个特点：

（1）惯性积的量纲和惯性矩一样，为长度的四次方，单位符号为 m^4、cm^4、mm^4。

（2）惯性积也是对轴而言。

（3）由惯性矩定义可知其得出的数值恒为正，而惯性积的值会由于截面图形所在的象限不同可正、可负，可为零。

（4）若 y，z 两坐标轴中有一个为图形的对称轴，则图形对 y，z 轴的惯性积一定等于零。

例 3-4 计算如图 3-12（a）所示矩形截面对其对称轴 z、y 的惯性矩 I_z、I_y。

解：先求截面图形对 z 轴的惯性矩 I_z。根据惯性矩的定义，取平行于 z 的微面积 $\mathrm{d}A$ 如图 3-12（c）所示，则

$$\mathrm{d}A = b\mathrm{d}y$$

矩形截面对 z 轴的惯性矩 I_z 为

$$I_z = \int_A y^2\mathrm{d}A = \int_{-h/2}^{h/2} y^2 b\mathrm{d}y = \frac{bh^3}{12}$$

同理，可得平行于 y 轴的微面积 $\mathrm{d}A$：

$$\mathrm{d}A = h\mathrm{d}z$$

矩形截面对 y 轴的惯性矩 I_y 为

$$I_y = \int_A z^2\mathrm{d}A = \int_{-b/2}^{b/2} z^2 b\mathrm{d}z = \frac{hb^3}{12}$$

若对如图 3-12（b）所示高为 h、宽为 b 的平行四边形截面求其对 y，z 轴的惯性积，结果完全一样。

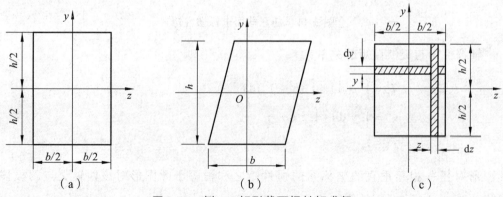

图 3-12　例 3-4 矩形截面惯性矩求解

例 3-5 计算如图 3-13（a）所示直径为 D 的圆形截面对形心轴的惯性矩 I_z、I_y 及极惯性矩 I_p。

解:（方法一）根据惯性矩的定义,取平行于 z 的微面积 dA 如图 3-13（b）所示,则

$$dA = 2\sqrt{R^2 - y^2}dy$$

圆形截面对 z 轴的惯性矩为 I_z 为

$$I_z = \int_A y^2 dA = \int_{-R}^{R} y^2 2\sqrt{R^2 - y^2}dy = \frac{\pi R^4}{4} = \frac{\pi D^4}{64}$$

因为圆形截面为中心对称图形,对任一直径轴的惯性矩都相等,所以有

$$I_z = I_y = \frac{\pi D^4}{64}$$

则根据惯性矩与极惯性矩的关系有

$$I_p = I_z + I_y = \frac{\pi D^4}{32}$$

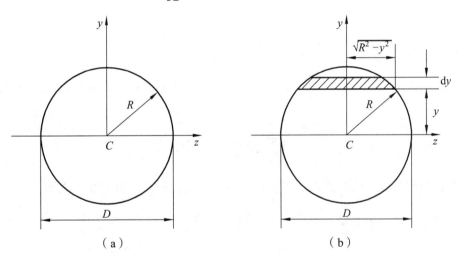

图 3-13　例 3-5 圆形截面惯性矩求解

（方法二）用极惯性矩 I_p 求圆形截面对直径轴的惯性矩 I_z,I_y。

根据极惯性矩的定义,取距圆心 ρ,宽度为 dρ 的环形条带,其微面积 dA,如图 3-14 所示,则

$$dA = 2\pi\rho d\rho$$

圆形截面对 o 点的极惯性矩为

$$I_p = \int_A \rho^2 dA = \int_0^{D/2} \rho^2 2\pi\rho d\rho = \frac{\pi D^4}{32}$$

又因圆形截面为中心对称图形，对任一直径轴的惯性矩都相等，所以有

$$I_z = I_y \qquad I_p = I_z + I_y$$

故

$$I_z = I_y = \frac{1}{2}I_p = \frac{\pi D^4}{64}$$

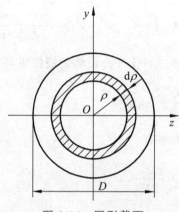

图 3-14　圆形截面

5. 组合截面惯性矩、惯性积的计算

组合图形对某轴的惯性矩和惯性积等于各组成图形对同一轴的惯性矩和惯性积之和。即

$$I_z = \sum_{i=1}^{n} I_{zi} , \quad I_y = \sum_{i=1}^{n} I_{yi} , \quad I_{zy} = \sum_{i=1}^{n} I_{zyi} \tag{3-12}$$

组合图形对某点的极惯性矩等于各组成图形对同一点的极惯性矩之和。即

$$I_p = \sum_{i=1}^{n} I_{pi} \tag{3-13}$$

3.3　惯性矩和惯性积的平行移轴公式

前面已经指出，有关静矩和惯性矩等截面图形几何性质与坐标轴的位置有关，截面的几何性质随坐标的变化而变化。坐标系的变化是任意的，但基本形式只有两种，即平移和旋转。本节主要研究截面对任意轴以及与其平行的形心轴的两个惯性矩和惯性积之间的关系，即惯性矩与惯性积的平行移轴定理。

平行移轴定理是指图形对于互相平行轴的惯性矩、惯性积之间的关系。即通过已知图形对于一对坐标的惯性矩、惯性积，求图形对另一对坐标的惯性矩与惯性积。

如图 3-15 所示，任意截面图形面积为 A ，其所在的正交坐标系为 Ozy ，z_c、y_c 为

通过截面形心 C 并与任意坐标系平行的形心坐标系，形心 C 在任意坐标系内的坐标为 $C(a,b)$。在截面上任取一微面积 $\mathrm{d}A$ 来研究，若微面积 $\mathrm{d}A$ 在形心轴坐标系的坐标为 (z_c, y_c)，在任意坐标系的坐标为 (z, y)，则截面上任一微面积 $\mathrm{d}A$ 在两坐标系内的坐标之间的关系为

$$y = y_c + b \qquad z = z_c + a \tag{3-14}$$

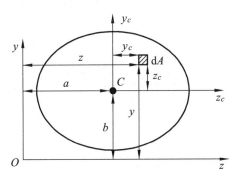

图 3-15　任意截面的微面积在两坐标系间平移转换

截面图形对形心轴的惯性矩和惯性积为

$$I_{zc} = \int_A y_c^2 \mathrm{d}A \qquad I_{yc} = \int_A z_c^2 \mathrm{d}A \qquad I_{zcyc} = \int_A z_c y_c \mathrm{d}A \tag{3-15}$$

截面图形对 z、y 轴的惯性矩和惯性积为

$$I_z = \int_A y^2 \mathrm{d}A \qquad I_y = \int_A z^2 \mathrm{d}A \qquad I_{zy} = \int_A zy \mathrm{d}A \tag{3-16}$$

将式（3-14）代入式（3-16）得

$$I_y = \int_A z^2 \mathrm{d}A = \int_A (z_c + a)^2 \mathrm{d}A = \int_A z_c^2 \mathrm{d}A + \int_A a^2 \mathrm{d}A + 2a \int_A z_c \mathrm{d}A$$

$$I_z = \int_A y^2 \mathrm{d}A = \int_A (y_c + b)^2 \mathrm{d}A = \int_A y_c^2 \mathrm{d}A + \int_A b^2 \mathrm{d}A + 2b \int_A y_c \mathrm{d}A$$

$$I_{zy} = \int_A yz \mathrm{d}A = \int_A (z_c + a)(y_c + b) \mathrm{d}A$$

$$= \int_A y_c z_c \mathrm{d}A + \int_A ab \mathrm{d}A + a \int_A y_c \mathrm{d}A + b \int_A z_c \mathrm{d}A$$

其中，$\int_A z_c \mathrm{d}A$、$\int_A y_c \mathrm{d}A$ 分别为截面图形对形心轴 y_c、z_c 的静矩，根据静矩的特点，两者等于 0，$\int_A z_c^2 \mathrm{d}A$、$\int_A y_c^2 \mathrm{d}A$ 分别为截面图形对形心轴 y_c、z_c 的惯性矩 I_{y_c}、I_{z_c}，并且注意到 $\int_A \mathrm{d}A = A$，将上三式化简为

$$\begin{cases} I_y = I_{y_c} + a^2 A \\ I_z = I_{z_c} + b^2 A \\ I_{zy} = I_{z_c y_c} + abA \end{cases} \tag{3-17}$$

式（3-17）为惯性矩和惯性积的**平行移轴公式**，使用此公式时应注意以下几点：

（1）两平行轴中必须有一轴为形心轴（z_c、y_c 必须是形心坐标）。

（2）a、b 为图形形心在 Ozy 坐标系的坐标值，有正负之分。

（3）截面对任意两平行轴的惯性矩间的关系应通过平行的形心轴惯性矩来换算。

（4）截面图形对所有平行轴的惯性矩中以对形心轴的惯性矩为最小。

例 3-6 求如图 3-16 所示矩形对 z、y 轴的惯性矩和惯性积。

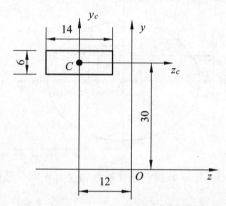

图 3-16 例 3-6 矩形惯性矩和惯性积求解

解：根据式（3-17）先算出矩形对形心轴 z_c、y_c 的惯性矩和惯性积。

$$I_{z_c} = \frac{Bh^3}{12} = \frac{14 \times 6^3}{12} = 252\ (\text{mm}^4)$$

$$I_{y_c} = \frac{hB^3}{12} = \frac{6 \times 14^3}{12} = 1\ 372\ (\text{mm}^4)$$

$$I_{z_c y_c} = 0$$

因为 $a = -12\ \text{mm}$，$b = 30\ \text{mm}$，$A = 14 \times 6 = 84\ (\text{mm}^2)$，由式（3-17）得

$$I_y = I_{y_c} + a^2 A = 1\ 372 + (-12)^2 \times 84 = 13\ 468\ (\text{mm}^4)$$

$$I_z = I_{z_c} + b^2 A = 252 + 30^2 \times 84 = 75\ 852\ (\text{mm}^4)$$

$$I_{zy} = I_{z_c y_c} + abA = 0 + (-12) \times 30 \times 84 = -30\ 240\ (\text{mm}^4)$$

例 3-7 如图 3-17（a）所示半径为 r 的半圆形截面，试计算此截面对于 z 轴的惯性矩，其 z 轴与半圆形的底边平行，相距为 r。

解：根据式（3-17）可知，计算半圆截面对 z 轴的惯性矩，先找到与 z 轴平行的形心轴 z_c 如图 3-17（b）所示。半圆形截面对 z_1 轴的惯性矩为

$$I_{z_1} = \frac{1}{2} \times \frac{\pi d^4}{64} = \frac{1}{2} \times \frac{\pi(2r)^4}{64} = \frac{\pi r^4}{8}$$

由平行移轴公式可知

$$I_{z_1} = I_{z_c} + b_1^2 A$$

因为半圆形心点 c 坐标为 $\left(0, \dfrac{4r}{3\pi}\right)$，所以形心 c 到 z_1 轴的距离是 $\dfrac{4r}{3\pi}$，故半圆截面对形心轴 z_c 的惯性矩为

$$I_{z_c} = I_{z_1} - b_1^2 A = \frac{\pi r^4}{8} - \left(\frac{4r}{3\pi}\right)^2 \times \frac{\pi r^2}{2} = 0.109 r^4$$

再由平行移轴公式可知

$$I_z = I_{z_c} + b^2 A = 3.295 r^4$$

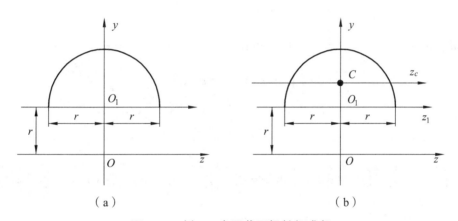

图 3-17　例 3-7 半圆截面惯性矩求解

3.4　惯性矩和惯性积的转轴公式

1. 转轴公式

上节提到截面图形几何性质随坐标轴位置变化的基本形式只有两种，即平移和旋转。本节讨论当坐标轴绕原点转动时，平面图形对这些转动后坐标轴的惯性矩和惯性积的变化规律，即**转轴定理**。

如图 3-18 所示，任意截面图形面积为 A，Ozy 为过图形上的任一点建立的坐标系，$Oz_1 y_1$ 是 Ozy 绕原点逆时针转过 α 角度的正交坐标系，其中 α 角逆时针转向为正，反之为负。现研究截面图形对这两对坐标轴的惯性矩和惯性积之间的关系。即已知截面图形对 z、y 轴的 I_z、I_y、I_{zy}、A、α，求截面图形对 z_1、y_1 轴的 I_{z_1}、I_{y_1}、$I_{z_1 y_1}$。

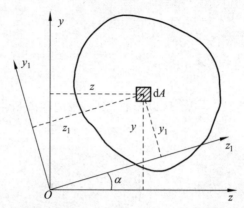

图 3-18　任意截面的微面积在两坐标系间旋转转换

在截面图形上任取一微面积 dA ，则 dA 在坐标系中的坐标关系为

$$\begin{cases} z_1 = z\cos\alpha + y\sin\alpha \\ y_1 = -z\sin\alpha + y\cos\alpha \end{cases}$$

根据定义截面图形对 z_1 轴的惯性矩：

$$\begin{aligned} I_{z_1} &= \int_A y_1^2 dA = \int_A (y\cos\alpha - z\sin\alpha)^2 dA \\ &= \cos^2\alpha \int_A y^2 dA + \sin^2\alpha \int_A z^2 dA - 2\sin\alpha\cos\alpha \int_A zy dA \\ &= I_z \cos^2\alpha + I_y \sin^2\alpha - I_{zy}\sin 2\alpha \end{aligned}$$

式中，$\int_A y^2 dA = I_z$ ，$\int_A z^2 dA = I_y$ ，$\int_A zy dA = I_{zy}$ ，同时利用三角公式：$\cos^2\alpha = \dfrac{1}{2}(1+\cos 2\alpha)$ ，$\sin^2\alpha = \dfrac{1}{2}(1-\cos 2\alpha)$ ，$2\sin\alpha \cdot \cos\alpha = \sin 2\alpha$ 整理后得

$$\begin{cases} I_{z_1} = \dfrac{I_z+I_y}{2} + \dfrac{I_z-I_y}{2}\cos 2\alpha - I_{zy}\sin 2\alpha \\[2mm] I_{y_1} = \dfrac{I_z+I_y}{2} - \dfrac{I_z-I_y}{2}\cos 2\alpha + I_{zy}\sin 2\alpha \\[2mm] I_{z_1 y_1} = \dfrac{I_z-I_y}{2}\sin 2\alpha + I_{zy}\cos 2\alpha \end{cases} \qquad (3\text{-}18)$$

式（3-18）称为惯性矩和惯性积的**转轴公式**。

将式（3-18）中前两式的左右两端分别相加得

$$I_{z_1} + I_{y_1} = I_z + I_y = 常数 = I_p$$

可以看出，平面图形对通过同一原点的任意一对正交轴的惯性矩之和为一常数，其值为该图形对于该坐标原点的极惯性矩 I_p ，即图形对一对垂直轴的惯性矩之和与转轴时的角度无关，也即在轴转动时，惯性矩之和保持不变。

2. 主惯性轴和主惯性矩

由式（3-18）第三式可知，惯性积会随正交坐标轴绕原点转动的 α 角的改变而变化，其值可正、可负、可为零。因此，总可以找到一对正交的坐标轴 z_0、y_0，使截面对这对轴的惯性积 $I_{z_0 y_0} = 0$，便可确定 α_0 的值，即

$$I_{z_0 y_0} = \frac{I_z - I_y}{2} \sin 2\alpha + I_{zy} \cos 2\alpha = 0$$

对于上式，总可以找到一个特定的 α_0 角，使图形对新坐标轴 z_0、y_0 的惯性积等于 0，即 $I_{z_0 y_0} = 0$，则称 z_0、y_0 为**主惯性轴**，简称**主轴**。图形对主惯性轴的惯性矩称为**主惯性矩**，简称**主矩**。

解得

$$\tan 2\alpha_0 = -\frac{2I_{zy}}{I_z - I_y}$$

得到两个值，即 α_0 和 $\alpha_0 + 90°$，一起确定了主惯性轴的位置。把求出的 α_0 代入式（3-18）前两式就得到主惯性矩的值，即

$$\begin{array}{l} I_{\max} \\ I_{\min} \end{array} = \frac{I_y + I_z}{2} \pm \frac{1}{2}\sqrt{(I_y - I_z)^2 + 4I_{yz}^2}$$

过图形上的任一点 O 可以作无数对坐标轴，其中必有一对是主惯性轴，相对应的主惯性矩是所有惯性矩的极值。当一对主惯性轴的交点与图形的形心重合时，则称为**形心主惯性轴**。图形对形心主惯性轴的惯性矩称为**形心主惯性矩**。工程计算中有意义的正是形心主轴和形心主惯性矩，形心主惯性矩在强度、刚度和稳定性中的研究均会遇到，因此怎么确定形心主轴尤为重要。下面是根据经验得出的确定图形形心主轴位置的几点结论：

（1）若平面图形具有三条或三条以上的对称轴，可证明过该截面形心的任何轴都是形心主轴，且截面对于任一形心主轴的惯性矩相等，如图 3-19（a）所示。

（2）若平面图形有两个对称轴，则此二轴均为形心主轴，如图 3-19（b）所示。

（3）若平面图形只有一个对称轴，则该轴必为形心主轴，另一主轴通过平面图形的形心并与此轴垂直，如图 3-19（c）所示。

（4）若平面图形没有对称轴，可先求出平面图形的形心位置，进而求出通过形心的任意一对正交轴的惯性矩和惯性积，然后再利用转轴公式来求得形心主轴的位置和形心主矩，如图 3-19（d）所示。

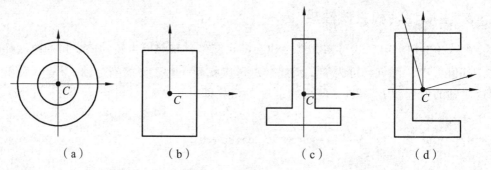

图 3-19　不同平面图形的形心主轴与形心主矩

习　题

（1）一矩形截面如图 3-20 所示，图中的 b、h 和 y_1 均为已知值。试求有阴影线部分的面积对对称轴 z 的静矩。

（2）求如图 3-21 所示组合图形对坐标轴的静矩。

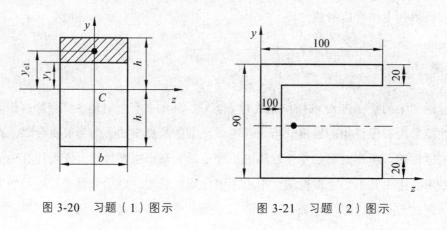

图 3-20　习题（1）图示　　　　　　图 3-21　习题（2）图示

（3）将圆形截面截去 3/4 后，留下如图 3-22 所示半径为 R 的圆弧，试求该图形对 z、y 轴的静矩及形心坐标。

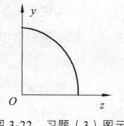

图 3-22　习题（3）图示

（4）试求下列各图形对 z 、y 轴的惯性矩。

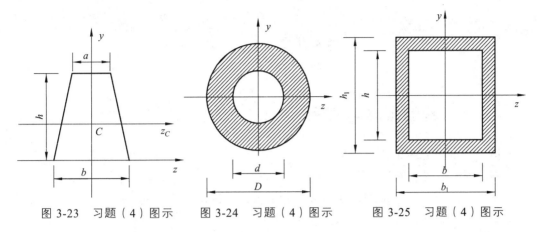

图 3-23　习题（4）图示　　图 3-24　习题（4）图示　　图 3-25　习题（4）图示

（5）试求如图 3-26 所示图形的形心主惯性轴和形心主惯性矩。

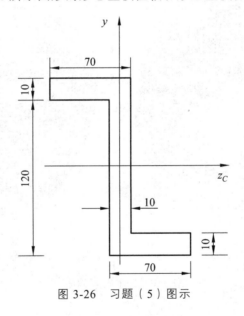

图 3-26　习题（5）图示

第4章 扭 转

4.1 扭转的概念与实例

第1章简单介绍了扭转变形的概念，即作用在杆件上的外力偶，其作用面垂直于杆轴线，变形表现为各截面绕轴线发生相对转动。工程中以扭转变形为主的杆件很多：如图4-1所示扳手拧紧螺帽，如图4-2所示带传动机构的传动轴，如图4-3所示汽车转向轴等都是以扭转变形为主的杆件。

图 4-1　扳手拧紧螺帽

图 4-2　电动机带动传动轴

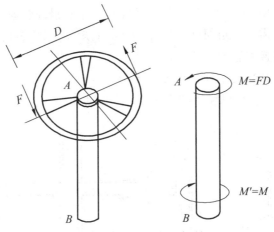

图 4-3　汽车转向轴扭转

现以如图 4-3 所示汽车转向轴为例具体说明杆件的扭转变形。方向盘轮缘处作用一对大小相等、方向相反且平行的切应力构成一对力偶，力偶矩为 $M = FD$。根据平衡条件可知，在轴的另一端必存在一对阻抗力偶 M' 与 M 平衡。如图 4-1 所示扳手拧紧螺帽也是通过施加外力形成力偶矩 M 与扳手末端的阻抗力偶 M' 平衡来拧紧螺帽的。这些实例都是在杆件两端作用两个大小相等、方向相反，且作用平面垂直于杆件轴线的力偶，致使杆件的任意两个横截面都发生绕轴线的相对转动，这样的变形形式称为**扭转变形**。

引起扭转变形的外力特点：杆件受到一对力偶矩的大小相等、旋向相反，作用平面与杆轴线垂直的力偶作用。

受扭杆件的变形特点：纵向线发生倾斜，相邻横截面发生相对错动；横截面仍为平面，只是绕轴线发生转动。

工程实际中，还有很多受扭的杆件实例，比如汽车的传动轴、丝锥攻丝、车床光杠、镗床镗孔的轴等。这里需要说明的是，这些杆件在受扭转变形的同时，可能还伴随着其他的基本变形，如图 4-2 所示带传动机构的传动轴，在发生扭转变形的同时，也伴随着弯曲变形。这种杆件上发生两种及以上的基本变形，称为组合变形，将在后面详细讲解。

工程中把以扭转变形为主，其他变形为次且可以忽略的杆件称为轴。受扭转变形杆件通常为轴类零件，其横截面大都是圆形的。所以本章主要介绍等直圆轴在纯扭转状态下的强度和刚度条件计算。

4.2　传动轴的外力偶矩、扭矩及扭矩图

1. 扭转外力偶矩的计算

传动轴通过转动传递运动和动力，使传动轴产生扭转变形的外力偶矩 M_e 一般是已

知的。但在工程机械中，一般只给出机械的额定功率和最高转速，不会直接给出外力偶矩的大小。所以就需要知道扭转时所需的外力偶矩 M_e 与机械的额定功率 P 和实际转速 n 三者之间的转换关系。

首先按输入功率和转速来计算外力偶矩 M_e。如图 4-4 所示带传动装置在正常工作时，已知轴转速为 n，电动机输出功率为 P，求力偶矩 M_e。

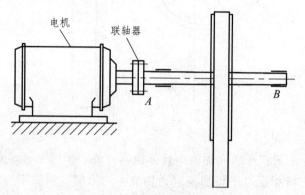

图 4-4　带传动装置

电动机每分钟输入或输出功：$W_1 = P \times 1\,000 \times 60$。

外力偶每分钟对轴 AB 做的功：$W_2 = M_e \times 2\pi n$。

若忽略效率损失，则 $W_1 = W_2$，可以得出外力偶矩与功率和转速的关系：

$$M_e = \frac{P \times 60}{2\pi n} = 9\,549\frac{P}{n} \ (\text{N}\cdot\text{m}) \tag{4-1}$$

式中，M_e 为外力偶矩；P 为轴传递的功率；n 为轴的转速。

2. 扭　矩

确定外力偶矩 M_e 与机械的额定功率 P 和实际转速 n 三者之间的关系后，可以求出轴上的外力偶矩，进而研究横截面上的内力。

如图 4-5 所示，已知圆轴受外力偶矩 M_A、M_B、M_C 作用，匀速转动，求 1—1、2—2 截面上的内力。

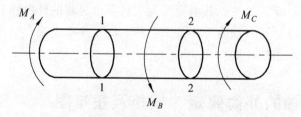

图 4-5　圆轴均匀转动

由于圆轴受外力偶矩作用，匀速转动，则

$$-M_A + M_B - M_C = 0$$

为了计算指定截面上的内力，依然采用截面法。假想地将轴沿截面 1—1 截成两部分，任取一部分来研究。现留下左半部分，如图 4-6（a）所示，由于左段部分作用一个外力偶矩 M_A，为了保持平衡，被截开的部分必有一个内力偶矩与之平衡，这个内力偶矩称为扭矩，用 T 表示。由平衡条件得

$$\sum M_x = 0, \ T = M_A$$

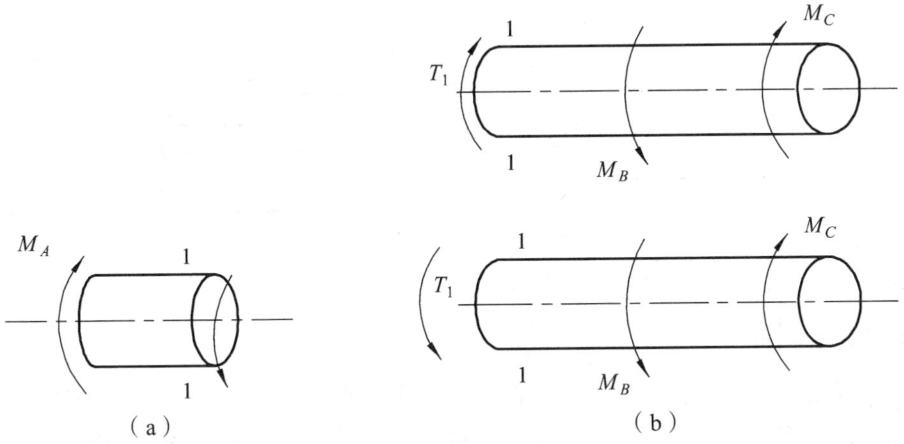

图 4-6　截面法求内力与力矩

若取右边部分为研究对象，假设扭矩 T_1 的方向有两种方式，分别列平衡方程式可能得

$$T_1 - M_B + M_C = 0, \ T_1 = M_B - M_C$$

$$T_1 + M_B - M_C = 0, \ T_1 = -M_B + M_C$$

从上两式可以看出，1—1 截面上扭矩假设的方向不一样，得出的数值虽然大小相同，但方向相反。因此，为了计算受扭杆件上的扭矩无论取左边还是右边为研究对象时，得出的结果不仅数值大小一样，而且方向相同，需要对扭矩的正负号作如下规定：

右手的四指代表扭矩旋转方向，大拇指代表其矢量方向，拇指指向外法线方向为正（＋），反之为负（－），如图 4-7 所示。

图 4-7　扭矩旋转方向判定

以上对扭矩正负号的规定称为确定扭矩方向的右手法则。接下来再对 1—1 截面进行分析可知，以左半部分为研究对象时，符合右手法则。图 4-6（b）上图符合右手法则，则

$$T_1 = M_A = M_B - M_C$$

满足平衡式，并且不管取左边还是右边部分为研究对象，得到的扭矩值相同。

同理，可以计算出 2—2 截面上的扭矩，如图 4-8 所示。图中根据右手法则确定截面左、右半部分的扭矩方向（一般情况下，只需对其中一部分进行研究即可），根据平衡方程式有

$$T_2 = M_A - M_B = -M_C$$

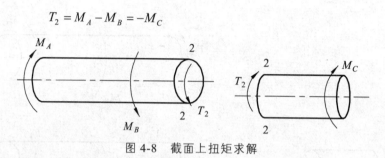

图 4-8　截面上扭矩求解

3. 注意问题

用截面法计算受扭轴的扭矩时，需注意以下两个问题：

（1）在截面上设正扭矩方向。需要强调的是，截面上所假设的正扭矩方向，只是形式上为正，算出来的数值可能为正可能为负。

（2）采用截面法之前不能将外力简化或平移。

4. 扭矩图

当轴上作用的外力偶多于两个时，轴上各截面上的扭矩需分段求出，与杆件拉伸（压缩）问题中画轴力图一样，用一种图形来形象地表明扭矩沿轴上不同截面变化的情况，也可判断最大扭矩产生的截面，这种图形称为**扭矩图**。扭矩图和轴力图一样，以横轴表示横截面所在的位置，纵轴表示相应截面上扭矩的大小。只是与轴力图不同的是，正扭矩画在横轴上侧，负扭矩画在横轴下侧。而轴力图是拉力画在横轴上侧，压力画在横轴下侧。

例 4-1　传动轴如图 4-9 所示，已知 A 轮输入功率为 50 kW，B、C、D 轮输出功率分别为 15 kW、15 kW、20 kW，轴的转速为 300 r/min，试画出该轴扭矩图。如将 A、D 轮的位置更换放置是否合理？

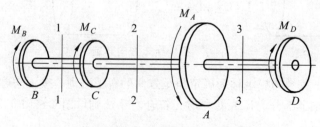

图 4-9　例 4-1 传动轴

解：（1）计算外力偶矩。

$$M_A = 9\ 549\frac{P_A}{n} = 1\ 592\ (\text{N·m})$$

$$M_B = M_C = 9\ 549\frac{P_B}{n} = 477.5\ (\text{N·m})$$

$$M_D = 9\ 549\frac{P_D}{n} = 637\ (\text{N·m})$$

（2）应用截面法计算各段轴内的扭矩。

将轴按 1—1、2—2、3—3 处截开，留下左段或右段为研究对象，并假设各截面扭矩为正。

1—1 截面：

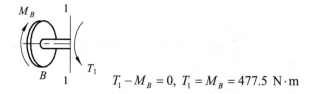

$$T_1 - M_B = 0, \quad T_1 = M_B = 477.5\ \text{N·m}$$

2—2 截面：

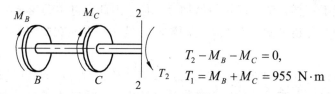

$$T_2 - M_B - M_C = 0,$$
$$T_1 = M_B + M_C = 955\ \text{N·m}$$

3—3 截面：

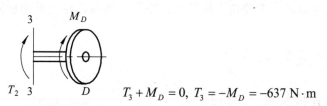

$$T_3 + M_D = 0, \quad T_3 = -M_D = -637\ \text{N·m}$$

（3）根据计算出的各截面的扭矩值，绘出扭矩图如图 4-10 所示。

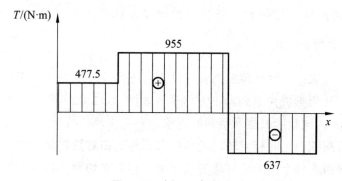

图 4-10　例 4-1 扭矩图

（4）若将 A、D 轮互换后，用截面法算出各截面的扭矩后得到的扭矩图如图 4-11 所示。

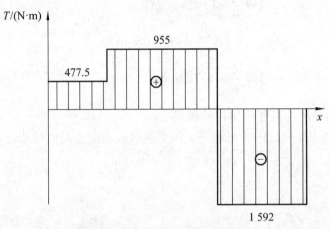

图 4-11　例 4-1 各截面扭矩图

从图 4-10 中可以得到最大扭矩值为 $|T|_{max} = 955\,\text{N·m}$，而图 4-11 中最大扭矩值为 $|T|_{max} = 1\,592\,\text{N·m}$。对比两个扭矩图发现，同样的轴上受相同的外力偶矩，只是轴上主动轮安放的位置不一样，轴上的扭矩增加近一倍。因此，将主动轮 A 与从动轮 D 互换后不合理。从以上分析可知，在安放主动轮时，最好将其放在中间最合理，因为此时轴上受的内力较小。

需要注意的是，在传动轴上，主动轮带动轴转动，所以轴的转向与外力偶矩的转向一致。而从动轮需要带动其他从动件做功，所以，从动轮上的外力偶矩与轴的转向相反。当轴匀速转动时，主动轮上的外力偶矩等于各从动轮上外力偶矩之和。

4.3　薄壁圆管的扭转

1. 薄壁圆管横截面上的切应力

等直圆杆扭转时的内力确定后，需要知道横截面上的变形及应力分布情况。本节先对薄壁圆管的扭转进行研究。若圆筒的壁厚 δ 远小于横截面的平均半径 R_0，即 $\dfrac{\delta}{R_0} \leqslant 0.1$，则称为**薄壁圆筒**。

做试验时，先取一等厚度薄壁圆管，试验前先预先在圆筒的表面画上等间距的纵向线和圆周线，从而形成一系列的小方格子，如图 4-12（a）所示。然后在圆筒两端作用加外力偶 M_e，试验后根据观察到的现象，先定义两个概念。

（1）圆筒两端截面之间相对转动的角位移，称为**相对扭转角**，用 φ 表示。

（2）圆筒表面上每个格子的直角的改变量，称为**剪切角**（切应变），用 γ 表示。

从图 4-12（b）中可以观察到，薄壁圆管扭转变形很小时其变形特点为

（1）所有横截面仍在原来的平面内，只是绕圆筒轴线不同程度地转过一个角度，各圆轴线之间的间距大小不变。根据以上现象可以得出薄壁圆筒上的扭转应力为切应力。

（2）各纵向线仍然为直线，但都倾斜相同的角度 γ。根据以上现象可以得出薄壁圆筒圆周上各点的切应力大小相同。

（3）所有圆周线保持原有形状，只是绕圆筒轴线不同程度地转过一个角度。可以得出切应力的方向与圆周相切。

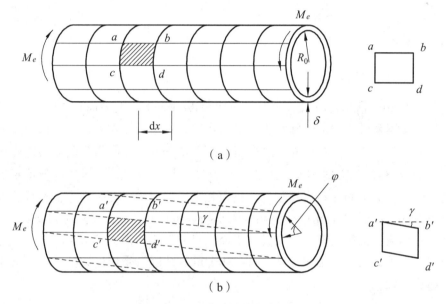

图 4-12 薄壁管及其扭转

以上分析表明，圆周表面各点处的应力为切应力，且方向与圆周相切，大小相等，如图 4-13（a）所示。上述现象虽然由圆周表面的小矩形 abcd 得到，但由于管壁很薄，因此变形分析也可近似地推广到整个壁厚上去。所以，对于薄壁圆筒，沿壁厚方向各点处切应力的数值无变化。从而可得横截面上可近似地认为各点处的切应力大小都相等，如图 4-13（b）所示。

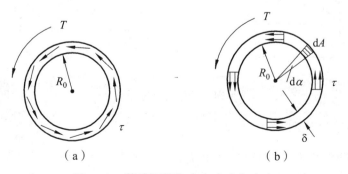

图 4-13 薄壁圆筒切应力大小与方向

了解了薄壁圆管上的分布规律后，接下来推导圆管在受扭时剪应力的计算公式。如图 4-13（b）所示圆管任意截面上取一微面积 dA，由于该截面的扭矩为 T，横截面切应力方向与 T 一致，并与过对应点的半径垂直。该微面积上的微内力为 τdA，该微内力对横截面圆心的微力矩为 $R_0 \tau dA$，由静力学条件可得

$$T = \int_A R_0 \tau dA = \tau R_0 \int_A dA = \tau R_0 A = 2\pi R_0^2 \delta \tau$$

则薄壁圆管扭转时横截面上的切应力计算公式为

$$\tau = \frac{T}{2\pi R_0^2 \delta} \tag{4-2}$$

式中，δ 是薄壁圆筒的厚度，R_0 是平均半径。

2. 切应力互等定理

如图 4-13（b）所示薄壁圆管上取一微面积 dA 来研究，把微面积 dA 看成如图 4-14（a）所示单元体来讨论。由于圆管受切应力作用，在单元体左右面（杆的横截面）只有切应力 τ，其方向与 y 轴平行。由平衡方程 $\sum F_y = 0$，可得到两侧面的内力元素为 $\tau dydz$，其大小相等，方向相反，组成一个力偶，其矩为 $(\tau dydz)dx$。为保持平衡，单元体的上、下侧面上必存在大小相等，指向相反的一对内力元素，它们组成力偶，其矩为 $(\tau' dydz)dx$。此力偶矩与前一力偶矩大小相等而转向相反，从而可得 $\tau = \tau'$。

这就是**切应力互等定理**。当单元体平面上只有切应力而无正应力，该单元体则称为**纯剪切单元体**。其变形情况如图 4-14（b）所示，因只受切应力的作用而产生直角改变量的切应变 γ。

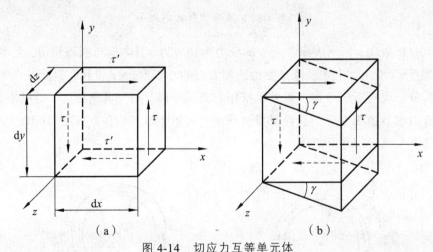

图 4-14　切应力互等单元体

3. 剪切胡克定理

假设薄壁圆管长为 l，外圆半径为 R_0，左右两端面在外力偶矩的作用下相对扭转角为 φ，表面各点处的切应变为 γ。由如图 4-12 所示几何关系得到

$$\gamma = \frac{r\varphi}{l} \qquad\qquad (4\text{-}3)$$

薄壁圆筒的扭转试验发现，当外力偶 M_e 在某一范围内时，扭转角 φ 与 M_e（在数值上等于扭矩 T）成正比。由横截面上切应力计算式（4-2）可知，切应力 τ 与扭矩 T 成正比，而由式（4-3）可知，切应变 γ 与相对扭转角 φ 成正比。综上所述，τ 与 γ 间成线性关系，即

$$\tau = G\gamma \qquad\qquad (4\text{-}4)$$

式（4-4）称为材料的**剪切胡克定律**，其中 G 为材料的剪切弹性模量。因为 γ 没有量纲，所以 G 的量纲和 τ 的相同，常用单位符号为 GPa。低碳钢的剪切弹性模量 G 约为 80 GPa。

4.4 圆轴扭转时的应力和强度条件

机械工程中常见的轴为圆轴，本节主要研究等直圆轴在受扭时横截面上的应力，及建立相应的强度条件。主要通过三方面来研究：通过几何关系找到应变的变化规律；通过物理关系分析应力的分布规律；通过静力关系得出横截面上应力的计算公式。

1. 几何关系

为了研究圆轴扭转时的变形情况，与薄壁圆管一样，变形前先对如图 4-15 所示的圆轴画上等间距的纵向线与圆周线，在外力偶矩 M_e 所用下，发生扭转变形。从图中可以观察到，圆轴扭转与薄壁圆管扭转时外表面得到相同的现象，即

（1）圆周线：形状、大小、间距不变，各圆周线只是绕轴线转动了一个不同的角度。

（2）水平纵向线：倾斜了同一个角度，小方格变成了平行四边形。

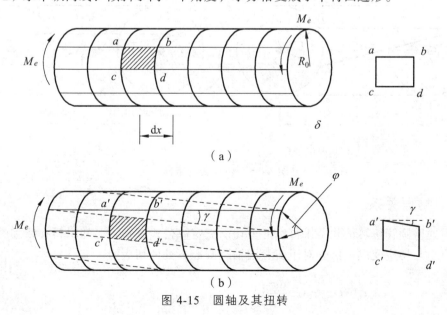

图 4-15　圆轴及其扭转

根据试验现象可以推断,若把实心圆轴看成由若干直径连续变化的薄壁圆管组成,在受外力偶矩的作用后，各薄壁圆筒的横截面大小、形状、间距都不变。因此，各薄壁圆管变形以前组成的实心圆轴横截面，在变形后仍然在原平面中。所以，对实心圆轴扭转时作平面假设：圆轴扭转变形前原为平面的横截面，变形后仍保持为平面，形状和大小不变，半径仍保持不变；相邻两截面间的距离不变。

　　如图 4-16（a）所示为从图 4-15 中实心圆轴上取得微段长 dx，倾角 γ 是横截面圆周上任一点 A 处的切应变，$d\varphi$ 是 b—b 截面相对于 a—a 截面像刚性平面一样绕杆的轴线转动的一个角度。现研究实心圆轴横截面上任一点的切应变分布规律。首先在 a—a 截面上距圆心 O_1 距离为 ρ 处任取一点 E，连接纵向线 EG。如图 4-16（b）所示，扭转变形后，纵向线 EG 倾斜了一个角度 γ_ρ，也就是横截面半径上任一点 E 处的切应变，即

$$\gamma_\rho \approx \tan\gamma_\rho = \frac{\overline{GG'}}{EG} = \frac{\rho d\varphi}{dx}$$

因此

$$\gamma_\rho = \rho\frac{d\varphi}{dx} \tag{4-5}$$

式中，$\dfrac{d\varphi}{dx}$ 为单位长度的扭转角，是扭转角 φ 沿 x 轴的变化率，对于一个给定的截面来说，它是常量。由此可以看出，受扭实心圆轴截面上任一点的切应变 γ_ρ 与该点到圆心的距离 ρ 成正比。这就是通过几何关系来找到的应变变化规律。

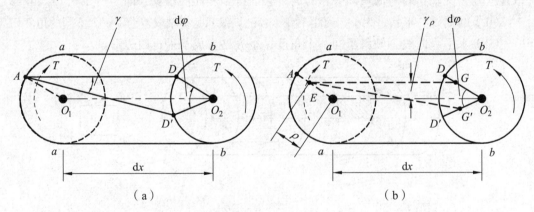

图 4-16　切应变的求解

2. 物理关系

　　由薄壁圆管扭转试验结果得出的剪切胡克定律公式可知，已知材料在线弹性范围内切应力与切应变成正比。对于实心圆轴距圆心 ρ 处的切应力，有

$$\tau_\rho = G\gamma_\rho = G\rho\frac{d\varphi}{dx} \tag{4-5}$$

式中，G、$\dfrac{\mathrm{d}\varphi}{\mathrm{d}x}$ 对于一个给定的截面来说，都是常量。所以，横截面上任意点的切应力 τ 与该点到圆心的距离 ρ 成正比。又因为 γ_ρ 发生在垂直于半径的平面内，所以 τ_ρ 也与半径垂直。再根据剪应力互等定理可知，在纵截面和横截面上，沿半径剪应力的分布规律如图 4-17 所示。从图中可以看出在圆心处切应力为零，在圆周边缘上各点处的切应力最大。

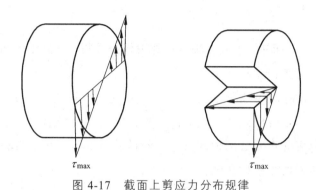

图 4-17　截面上剪应力分布规律

3. 静力学关系

式（4-5）虽然已得到实心圆轴扭转时距圆心为 ρ 处的切应力公式，但单位长度的扭转角 $\dfrac{\mathrm{d}\varphi}{\mathrm{d}x}$ 是个待定参数，所以不能直接计算实心圆轴上的应力。为了确定这个参数，需要用静力学关系进行分析。

如图 4-18 所示实心圆轴的任一横截面，在同一直径上距圆心 O 等远处分别取微面积 $\mathrm{d}A$，在扭矩的作用下，得到的微剪力 $\tau_\rho\mathrm{d}A$ 等值反向且平行，其对圆心的微力矩为 $\rho\tau_\rho\mathrm{d}A$。在整个横截面上，所有的微力矩之和等于该截面的扭矩，即

$$T = \int_A \mathrm{d}A \cdot \tau_\rho \cdot \rho$$

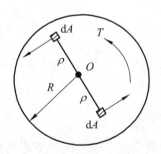

图 4-18　实心圆轴的横截面

把式（4-5）代入上式得

$$T = \int_A G\rho^2 \frac{\mathrm{d}\varphi}{\mathrm{d}x}\mathrm{d}A = G\frac{\mathrm{d}\varphi}{\mathrm{d}x}\int_A \rho^2\mathrm{d}A$$

式中，$\int_A \rho^2 \mathrm{d}A$ 为横截面对圆心 O 点的极惯性矩 I_P，于是上式简化可以得到

$$\frac{\mathrm{d}\varphi}{\mathrm{d}x} = \frac{T}{GI_P} \qquad (4\text{-}6)$$

将式（4-6）代入式（4-5）可得

$$\tau_\rho = \frac{T\rho}{I_P} \qquad (4\text{-}7)$$

式中，T 为横截面上的扭矩，由截面法通过外力偶矩求得；ρ 为该点到圆心的距离；I_P 为极惯性矩，纯几何量，无物理意义。

式（4-7）为圆轴扭转时横截面上任一点的剪应力计算式。在使用公式时需注意

（1）公式仅适用于各向同性、线弹性材料，以及在小变形时的等截面圆轴。

（2）公式尽管由等直实心圆轴推出，但同样适用于等直空心圆轴，也近似适用于截面沿轴线变化缓慢的小锥度圆轴。

4. 最大扭转切应力

由式（4-7）可知，对于同一截面，最大的切应力发生在边缘处，即 $\rho = R$ 处，其值为

$$\tau_{\max} = \frac{TR}{I_P} = \frac{T}{I_P / R}$$

引用记号：

$$W_P = \frac{I_P}{R}$$

式中，W_P 为抗扭截面系数，其量纲为 L^3。则上式可以简化为

$$\tau_{\max} = \frac{T}{W_P} \qquad (4\text{-}8)$$

由式（4-8）可得知，最大扭转切应力 $\tau_{\max}$ 与扭矩 T 成正比，与抗扭截面系数 W_P 成反比。

5. I_P 和 W_P 的计算

杆件受扭时，最常见的截面为实心圆截面和空心圆截面，为计算方便，下面只导出实心圆和空心圆的 I_P 和 W_P。

对于直径为 D 的圆形截面，则有

$$I_P = \frac{\pi D^4}{32}, \quad R = \frac{D}{2}, \quad W_P = \frac{\pi D^3}{16}$$

对于内径为 d，外径为 D 的空心圆截面，有

$$I_P = \frac{\pi D^4}{32}(1-\alpha^4), \ R = \frac{D}{2}, \ W_P = \frac{\pi D^3}{16}(1-\alpha^4)$$

其中，$\alpha = \dfrac{d}{D}$；各种型钢的抗弯截面系数 W_P，可从型钢规格表中查到。

6. 圆轴扭转强度条件

圆轴扭转试验表明，塑性材料试件受扭过程中，首先发生屈服，在试样表面出现横向与纵向滑移线，随着外力的增加，最后沿横截面剪断。而脆性材料试件在试验过程中，杆件变形很小，沿与轴线约成 45°的螺旋线断开，如图 4-19 所示。

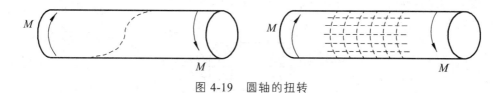

图 4-19　圆轴的扭转

上述试验表明，对于受扭圆轴，其失效标志和轴向拉压杆一样：塑性材料发生扭转屈服失效，扭转屈服时截面上最大的切应力称为材料的**扭转屈服极限** τ_s。同样，脆性材料发生扭转断裂失效，扭转断裂时截面上最大的切应力称为材料的**扭转强度极限** τ_b。把 τ_s 和 τ_b 统称为材料的**扭转极限应力** τ_u。材料的扭转许用应力 $[\tau]$ 为扭转极限应力 τ_u 除以大于 1 的安全系数 n，即

$$[\tau] = \frac{\tau_u}{n}$$

试验结果表明，在常温静载下，同一材料在单纯受扭和受轴向拉压时，它们的力学性能存在一定关系，因而可以用材料的许用拉应力 $[\sigma_t]$ 值来确定其许用切应力 $[\tau]$ 值。一般对于塑性材料 $[\tau]=(0.5\sim0.577)[\sigma]$，对于脆性材料 $[\tau]=(0.8\sim1)[\sigma_t]$。

所以，圆轴在扭转时，为了保证其安全正常工作，应使整个轴上最大的切应力 τ_{max} 不超过材料的许用应力 $[\tau]$，即得扭转强度条件，

对于等截面圆轴：

$$\tau_{max} = \frac{T_{max}}{W_P} \leqslant [\tau] \tag{4-9}$$

对于横截面不相同的圆轴（阶梯轴）：

$$\tau_{max} = \left(\frac{T}{W_P}\right)_{max} \leqslant [\tau] \tag{4-10}$$

扭转强度条件和轴向拉压问题的强度条件一样，可以解决以下三类问题。

（1）强度校核：$\tau_{max} = \dfrac{T_{max}}{W_P} \leqslant [\tau]$。

（2）设计截面：$W_P \geqslant \dfrac{T_{max}}{[\tau]}$。

（3）确定许可荷载：$T_{max} \leqslant [\tau] \cdot W_P$。

例 4-2 如图 4-20（a）所示实心圆轴 $D = 80\,\text{mm}$，工作时受到的外力偶矩 $M_e = 5\,\text{kN·m}$，材料的许用切应力 $[\tau] = 60\,\text{MPa}$。试求

（1）图中 1—1 截面处 $\rho = 20\,\text{mm}$ 处 A 点的切应力大小与方向。

（2）校核轴的强度。

（3）当直径增大一倍时，最大切应力如何变化？

解：（1）计算 1—1 截面处扭矩，由截面法得

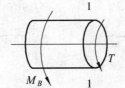

$$T + M_B = 0, \quad T = -5\,\text{kN·m}$$

结果为负，说明扭矩假设方向与实际方向相反，如图 4-20（b）所示。

（2）计算 I_P 和 W_P，可得

$$I_P = \frac{\pi D^4}{32} = \frac{\pi \times 80^4}{32} = 4.02 \times 10^6\ (\text{mm}^4)$$

$$W_P = \frac{\pi D^3}{16} = \frac{\pi \times 80^3}{16} = 1.005 \times 10^5\ (\text{mm}^3)$$

（3）计算 A 点的切应力大小，由圆轴上任一点的切应力公式得

$$\tau_P = \frac{T\rho}{I_P} = \frac{5 \times 10^3 \times 20 \times 10^{-3}}{4.02 \times 10^6 \times 10^{-12}} = 24.6\,(\text{MPa})$$

A 点处切应力方向如图 4-20（c）所示。

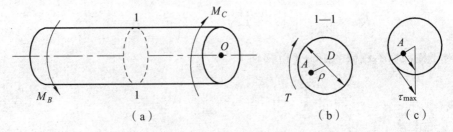

图 4-20　例 4-2 实心圆轴与截面

（4）校核轴的切应力强度，由式（4-8）得

$$\tau_{max} = \frac{T}{W_P} = \frac{5 \times 10^3}{1.005 \times 10^5 \times 10^{-9}} = 49.8\,(\text{MPa}) \leqslant [\tau]$$

满足强度要求。

（5）假设直径增大一倍后为 $D_2(D_2 = 2D)$，此时最大切应力设为 τ'_{max}，则有

$$\tau'_{max} = \frac{T}{W_{P_2}}, \quad W_{P_2} = \frac{\pi D_3^3}{16}$$

所以

$$\frac{\tau'_{max}}{\tau_{max}} = \frac{W_P}{W_{P_2}} = \frac{\dfrac{\pi D^3}{16}}{\dfrac{\pi D_2^3}{16}} = \left(\frac{D}{D_2}\right)^3 = \frac{1}{8}$$

由上式可得，实心圆轴最大切应力与直径的三次方成反比，当直径增大一倍时，最大切应力将减小为原来的 1/8。

例 4-3 若将例 4-2 中的实心轴改为内外直径之比 $\alpha = \dfrac{d_2}{D_2} = 0.8$ 的空心圆轴，试求

（1）若要求它与原来的实心轴强度相同，试确定空心圆内外径。

（2）比较实心轴和空心轴的质量。

解：（1）实心圆轴的强度校核。

$$\tau_{max} = \frac{T}{W_P} = \frac{5 \times 10^3}{1.005 \times 10^5 \times 10^{-9}} = 49.8\,(\text{MPa}) \leqslant [\tau]$$

（2）确定空心圆轴的内、外径：

$$\tau_{max} = \frac{T_{max}}{W_{P_2}} = \frac{T_{max}}{\dfrac{1}{16}\pi D_2^3(1-\alpha^4)} = 49.8\,(\text{MPa})$$

解得 $D_2 = 95.4\,\text{mm}$。将空心轴的外径圆整为 $D_2 = 96\,\text{mm}$，则

$$\alpha = \frac{d_2}{D_2} = \frac{d_2}{96} = 0.8, \quad d_2 = 77\,\text{mm}$$

（3）质量比较：在两轴长度相等、材料相同的情况下，两轴质量之比等于两轴横截面面积之比。

$$\frac{G_{空}}{G_{实}} = \frac{A_{空}}{A_{实}} = \frac{\dfrac{\pi}{4}(D_2^2 - d_2^2)}{\dfrac{\pi}{4}D_1^2} = \frac{96^2 - 77^2}{80^2} = 0.513$$

结果表明，在其他条件相同的情况下，空心圆轴的质量只是实心圆轴的 51%，采用空心圆轴可以显著地减轻自重，节约材料。这是因为实心圆轴横截面上的切应力在圆心处为零，接近圆心处的切应力也很小，这部分材料没有充分发挥作用。空心圆就是将这部分材料往轴的边缘移置，增大 I_P 或 W_P，从而提高轴的强度。但空心圆内径不能太大，且壁厚不能太薄，否则会丧失承载能力。

例 4-4 功率为 150 kW，转速为 924 r/min 的电动机转子轴，各阶梯轴的具体尺寸如图 4-21 所示，许用切应力 $[\tau] = 30$ MPa。试校核其强度。

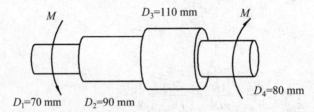

图 4-21 例 4-4 电动机转子阶梯轴

解：（1）计算扭矩。

$$M = 9\,549\frac{P}{n} = 9\,549 \times \frac{150}{924} = 1\,550\,(\text{N}\cdot\text{m})$$

由截面法可知

$$T = M = 1\,550\,\text{N}\cdot\text{m}$$

（3）计算并校核切应力强度：要使整个阶梯轴切应力强度满足条件，只需校核最小的截面轴即可。

$$\tau_{\max} = \frac{T}{W_t} = \frac{1.55 \times 10^3}{\pi \cdot 0.07^3/16} = 23\,(\text{MPa}) < [\tau]$$

所以，此阶梯轴整根轴都满足强度要求。

4.5 圆轴扭转时的变形和刚度条件

1. 圆轴扭转时的变形

圆轴扭转时变形的标志是两个横截面间绕轴线转过的相对扭转角 φ，如图 4-12 所示。由式（4-6）得

$$\mathrm{d}\varphi = \frac{T\mathrm{d}x}{GI_P}$$

其中，$\mathrm{d}\varphi$ 代表相距为 $\mathrm{d}x$ 的两横截面间的相对扭转角。则长为 l 杆两截面间相对扭转角 φ 为

$$\varphi = \int_l \mathrm{d}\varphi = \int_0^l \frac{T}{GI_p} \mathrm{d}x = \frac{Tl}{GI_P} \qquad (4\text{-}11)$$

式中，GI_P 为圆轴的扭转刚度，反映圆轴抵抗扭转变形的能力。GI_P 越大，扭转角 φ 越小，表明轴抵抗变形的能力越大。

例 4-1 中，轴的横截面尺寸相同，但各段的扭矩不同。或各段的扭矩相同，横截面尺寸不同，如阶梯轴。这时需分段计算出各截面的扭转角，然后代数相加，得到两端截面的相对扭转角。

$$\varphi = \varphi_1 + \varphi_2 + \varphi_3 \cdots = \sum_{i=1}^n \frac{T_i l_i}{GI_{P_i}} \qquad (4\text{-}12)$$

2. 圆轴扭转时的刚度条件

圆轴在受扭时，除了要满足强度条件外，有时还需满足刚度要求。比如，镗床上的主轴或磨床上的传动轴如扭转角过大，将引起扭转振动，影响工件的精度和表面粗糙度。车床丝杠扭转角过大，会影响车刀进给，降低工件的加工精度。所以，需要限制轴的扭转变形。

从式（4-11）中可以看出扭转角 φ 与轴的长度 l 有关，为消除长度的影响，用单位长度扭转角 $\dfrac{\mathrm{d}\varphi}{\mathrm{d}x}$，即 θ 表示扭转变形的程度。将式（4-11）转换为

$$\theta = \frac{\mathrm{d}\varphi}{\mathrm{d}x} = \frac{T}{GI_P} \qquad (4\text{-}13)$$

工程实际中，对于精密机械，刚度的要求比强度要求更严格。因此，要求每单位长度的相对扭转角 θ 不得超过所能容许的限度 $[\theta]$，即圆轴扭转时的刚度条件为

$$\theta_{\max} = \frac{T_{\max}}{GI_P} \leqslant [\theta] \quad (\text{rad/m}) \qquad (4\text{-}14)$$

$$\theta_{\max} = \frac{T_{\max}}{GI_P} \cdot \frac{180°}{\pi} \leqslant [\theta] \quad (°/\text{m}) \qquad (4\text{-}15)$$

上两式都可用来计算圆轴扭转时的刚度条件，只是单位符号不一样。许用扭转角 $[\theta]$ 的数值，根据轴所受的荷载性质、工作要求、工作条件等因素确定，一般对于传动轴 $[\theta]$ 为 $(0.5°\sim1°)/\text{m}$，精度要求不高的轴 $[\theta]$ 为 $(1°\sim2.5°)/\text{m}$，对要求较高的精密机器的轴，则 $[\theta]$ 为 $(0.25°\sim0.5°)/\text{m}$。

同样，刚度校核条件也可解决三方面的问题，即校核刚度、设计截面尺寸、计算许可荷载。

例 4-5 若例题 4-1 中传动轴直径为 $D = 80\,\text{mm}$，材料的许用切应力 $[\tau] = 30\,\text{MPa}$，$[\theta] = 0.3°/\text{m}$，材料切变模量 $G = 40\,\text{GPa}$。假设各轮子之间的间距都为 0.5 m，

（1）试校核轴的强度和刚度。

（2）若不满足强度或刚度条件，重新选择轴的直径。

（3）求截面 D 与截面 B 之间的相对扭转角 φ_{DB}。

解：（1）根据例 4-1，得出轴的扭矩图如图 4-22 所示。

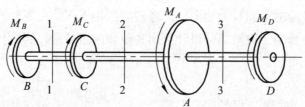

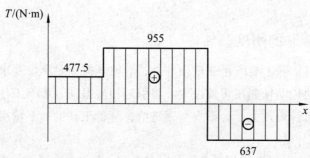

图 4-22　轴的扭矩图

从图中可以看出，最大的扭矩发生在 CA 段，其值 $|T|_{max} = 955\,\text{N}\cdot\text{m}$。此段为危险截面，只需校核其强度和刚度，满足要求即可保证整段轴的安全工作。

（2）计算轴的 I_P 和 W_P。

$$I_P = \frac{\pi D^4}{32} = \frac{\pi \times 80^4}{32} = 4.02 \times 10^6\,(\text{mm}^4)$$

$$W_P = \frac{\pi D^3}{16} = \frac{\pi \times 80^3}{16} = 1.005 \times 10^5\,(\text{mm}^3)$$

（3）校核强度和刚度。

强度校核：

$$\tau_{max} = \frac{T_{max}}{W_P} = \frac{0.955 \times 10^3}{100.5 \times 10^{-6}} = 9.5\,(\text{MPa}) < [\tau]$$

故轴的强度足够。

刚度校核：

$$\theta_{max} = \frac{T_{max}}{GI_P} \times \frac{180°}{\pi} = \frac{0.955 \times 10^3}{40 \times 10^9 \times 4.02 \times 10^{-6}} \times \frac{180°}{\pi}\,/\,\text{m} = 0.34°/\,\text{m} > [\theta]$$

故轴不满足刚度要求。

（4）按刚度条件重新确定轴径。

$$\theta_{\max} = \frac{T_{\max}}{GI_P} \times \frac{180°}{\pi} = \frac{32 T_{\max}}{G\pi D^4} \times \frac{180°}{\pi} \leqslant [\theta]$$

$$D \geqslant \sqrt[4]{\frac{32 \times T_{\max} \times 180}{G\pi^2 [\theta]}} = 83 \ (\text{mm})$$

为了使轴同时满足强度和刚度要求，取轴径 $D = 83 \ \text{mm}$。

（5）计算扭转角 φ_{DB}。

因 BC、CA 和 AD 三段的扭矩分别为常量，又为等直圆轴，由式（4-12）得

$$I_P = \frac{\pi D^4}{32} = \frac{\pi \times 83^4}{32} = 4.66 \times 10^6 \ (\text{mm}^4)$$

$$\varphi_{AD} = \frac{T_1 L_1}{GI_P} + \frac{T_2 L_2}{GI_P} + \frac{T_3 L_3}{GI_P} = \frac{1}{GI_P}(T_1 L_1 + T_2 L_2 + T_3 L_3) = 2.13 \times 10^{-12} \ (\text{rad})$$

例 4-6　如图 4-23 所示，某传动轴设计要求转速 $n = 500 \ \text{r/min}$，输入功率 $P_1 = 360 \ \text{kW}$，输出功率分别 $P_2 = 170 \ \text{kW}$ 及 $P_3 = 190 \ \text{kW}$，已知 $G = 80 \ \text{MPa}$，$[\tau] = 60 \ \text{MPa}$，$[\theta] = 1°/\text{m}$。试确定

（1）BC 段直径 d_1 和 AC 段直径 d_2。

（2）若全轴选同一直径，应为多少？

（3）主动轮与从动轮如何安排合理？

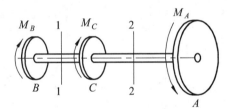

图 4-23　例 4-6 传动轴

解：（1）计算外力偶矩、扭矩，并作扭矩图。

$$M_1 = 9\ 549 \frac{P_1}{n} = 9\ 549 \times \frac{360}{500} = 6.9 \ (\text{kN} \cdot \text{m})$$

$$M_2 = 9\ 549 \frac{P_2}{n} = 9\ 549 \times \frac{170}{500} = 3.3 \ (\text{kN} \cdot \text{m})$$

$$M_3 = 9\ 549 \frac{P_3}{n} = 9\ 549 \times \frac{190}{500} = 3.6 \ (\text{kN} \cdot \text{m})$$

1—1 截面：

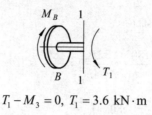

$$T_1 - M_3 = 0, \quad T_1 = 3.6 \text{ kN·m}$$

2—2 截面：

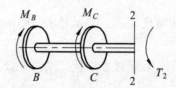

$$T_2 - M_3 - M_2 = 0, \quad T_2 = 6.9 \text{ kN·m}$$

作扭矩图如下：

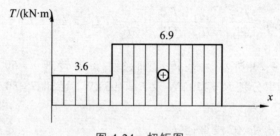

图 4-24　扭矩图

（2）选择轴的直径。

由强度条件得

$$\tau_{\max} = \frac{16T}{\pi d_1^3} \leqslant [\tau]$$

BC 段：

$$d_1' \geqslant \sqrt[3]{\frac{16T}{\pi[\tau]}} = \sqrt[3]{\frac{16 \times 3\ 600}{3.14 \times 60 \times 10^6}} = 67.7 \ (\text{mm})$$

CA 段：

$$d_2' \geqslant \sqrt[3]{\frac{16T}{\pi[\tau]}} = \sqrt[3]{\frac{16 \times 6\ 900}{3.14 \times 60 \times 10^6}} = 83.7 \ (\text{mm})$$

由刚度条件得

$$\theta_{\max} = \frac{32T}{G\pi d_1^4} \times \frac{180°}{\pi} \leqslant [\theta]$$

BC 段：

$$d_1'' \geqslant \sqrt[4]{\frac{32T}{\pi G[\theta]}} = \sqrt[4]{\frac{32 \times 3\ 600 \times 180}{3.14^2 \times 80 \times 10^9 \times 1}} = 71.6\ (\mathrm{mm})$$

CA 段：

$$d_2'' \geqslant \sqrt[4]{\frac{32T}{\pi G[\theta]}} = \sqrt[4]{\frac{32 \times 6\ 900 \times 180}{3.14^2 \times 80 \times 10^9 \times 1}} = 84.3\ (\mathrm{mm})$$

经过强度和刚度条件对轴进行计算得 $d_1 = 72\ \mathrm{mm}$，$d_2 = 85\ \mathrm{mm}$。

（3）为了传动轴能同时满足强度和刚度要求，全轴选同一直径：$d_1 = d_2 = 85\ \mathrm{mm}$。

（4）轴上的绝对值最大的扭矩越小越合理。所以，A 轮和 C 轮应该换位。将主动轮安装在两从动轮之间。换位后，轴的扭矩如图 4-25 所示，此时，轴的最大的扭矩为 $3.3\ \mathrm{kN \cdot m}$，计算得出的最大直径为 72 mm。

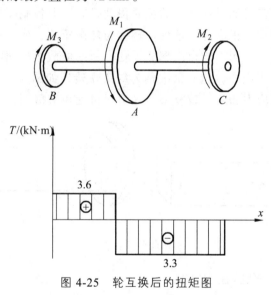

图 4-25　轮互换后的扭矩图

4.6　矩形截面杆的自由扭转

前面几节讨论学习了圆形截面杆的扭转，但在工程实际应用中，并非受扭的杆件都为圆形截面。如农业机构中有时采用方轴作为传动轴，曲柄机构中的曲柄采用矩形截面杆等。下面说明矩形截面杆扭转变形的主要特点。

1. 非圆截面杆和圆截面杆扭转时的区别

根据前面对圆形截面杆做扭转试验得出主要的变形特点：扭转时，任意横截面保持为平面，只是让轴线转过不同的角度，如图 4-15 所示。而对非圆截面杆做扭转试验时同圆形截面杆，先在杆件上面画上等间距的纵向线与圆轴线，在外力偶矩的作用下发现，扭转时，外表面不再保持为平面而变为凹凸不平的曲面，即外表面发生了翘曲，如图 4-26 所示。

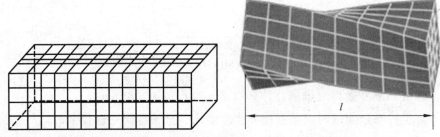

图 4-26　外力偶矩作用下外表面发生翘曲

2. 自由扭转和约束扭转

等直非圆杆在扭转时如果横截面的翘曲程度相同，即各截面均可自由翘曲，则横截面上只有切应力而没有正应力，这种扭转称为**自由扭转**，如图 4-27（a）所示。

若杆的两端受到约束而不能自由翘曲，则相邻两横截面的翘曲程度不同，这将在横截面上引起附加的正应力，这一情况称为**约束扭转**，如图 4-27（b）所示。由约束扭转所引起的附加正应力通常比较复杂，这里只讨论矩形截面杆的自由扭转问题。

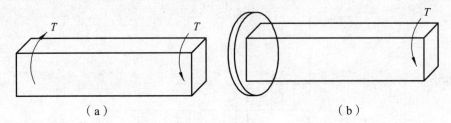

图 4-27　等直非圆杆的自由扭转

3. 矩形截面杆的自由扭转

根据试验研究和弹性力学分析，矩形截面杆自由扭转时得出的结论如下。

（1）截面周边上各点切应力与周边相切，形成与周边相切的顺流，流向与截面上的扭矩转向一致，如图 4-28（a）所示。

（2）横截面上四个角处的切应力为 0，最大切应力 $\tau_{\max}$ 发生在截面长边的中点处，在短边中点处的切应力是短边上的最大值。

长边中点处最大切应力值为

$$\tau_{\max} = \frac{T}{W_P} = \frac{T}{\alpha h b^2} \qquad (4\text{-}16)$$

式中，α 是一个与长度和宽度比值 $\dfrac{h}{b}$ 有关的系数，其值如表 4-1 所示。

短边中点的切应力值为

$$\tau_1 = \nu \tau_{max} \tag{4-17}$$

式中，ν 是一个与 $\dfrac{h}{b}$ 有关的系数，其值如表 4-1 所示。

矩形截面的扭转角：

$$\varphi = \frac{Tl}{GI_P} = \frac{Tl}{G\beta h b^3} \tag{4-18}$$

式中，β 是一个与 $\dfrac{h}{b}$ 有关的系数，其值如表 4-1 所示。

表 4-1 矩形截面杆在纯扭转时的系数 α、β、ν

h/b	1.0	1.2	1.5	2.0	2.5	3.0	4.0	6.0	8.0	10.0	∞
α	0.208	0.219	0.231	0.246	0.256	0.267	0.282	0.299	0.307	0.313	0.333
β	0.141	0.166	0.196	0.229	0.249	0.263	0.281	0.299	0.307	0.313	0.333
ν	1.000	0.930	0.858	0.796	0.767	0.753	0.745	0.743	0.743	0.743	0.743

4. 狭长矩形截面杆的扭转

当矩形杆长与宽之比 $\dfrac{h}{b} \geqslant 10$ 时称为狭长形矩形。狭长矩形截面扭转时，横截面切应力如图 4-28（b）所示，边缘上各点的切应力形成与边界相切的顺流。从表 4-1 中可看出，当 $\dfrac{h}{b} \geqslant 10$ 时，α、β 均接近于 $\dfrac{1}{3}$，可近似取 $\alpha = \beta = \dfrac{1}{3}$，则狭长矩形截面的 I_t 和 W_t 可以写成

$$W_P = \frac{1}{3} h \delta^2, \ I_P = \frac{1}{3} h \delta^3$$

则最大扭转切应力和扭转角较矩形截面可以简化为

$$\tau_{max} = \frac{3T}{h\delta^2} \tag{4-19}$$

$$\varphi = \frac{3T\alpha}{h\delta^3} \tag{4-20}$$

上述公式是按标准矩形推导出来的，在工程实际中，常常使用的角钢、槽钢、工字钢等开口钢，由于这些型钢的各狭长矩形连接处都有倒角，翼缘内侧有斜率，故需对截面 I_P 进行修正。这里不详述。

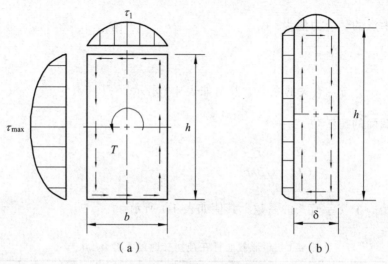

图 4-28　矩形截面杆的扭转

5. 开口/闭口薄壁杆件扭转比较

开口薄壁截面杆，如角形、工字形、槽形，可以看成几个狭长矩形组成。在扭转时，切应力沿截面周边形成环流，如图 4-29（a）所示。从图中可以看出，中心线两侧对称位置的微剪力 $\tau\mathrm{d}A$ 构成力偶，厚度中点处，切应力为零。但因杆壁薄，力偶臂小，因此开口薄壁截面杆的抗扭能力差。

截面中心线为封闭曲线或折线的薄壁杆，称为闭口薄壁杆。一般其切应力分布规律与薄壁圆管的扭转切应力相似，如图 4-29（b）所示。即切应力在壁厚上接近均匀分布，横截面边缘各点处的切应力一定平行于该处的圆周切线。

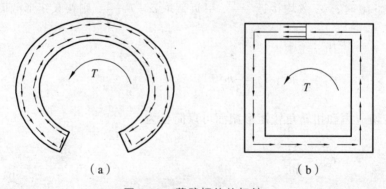

图 4-29　薄壁杆件的扭转

试验可以证明，当薄壁圆杆的直径与厚度比值 $\dfrac{D}{\delta}=20$ 时，在受相同外力作用下，开口的薄壁圆杆最大的切应力 $\tau_{\max}$ 比闭口的薄壁圆杆大了近 30 倍，即 $\tau_{\max}^{开口}=30\tau_{\max}^{闭口}$。而最大扭转角 $\varphi_{\max}$ 足足大了闭口薄壁圆杆近 300 倍，即 $\varphi_{\max}^{开口}=300\varphi_{\max}^{闭口}$。

习　题

（1）试用功率 P、转速 n 和外力偶矩 M_e 的关系说明，为什么在同一减速器中，高速轴的直径较小，而低速轴的直径较大？

（2）长度为 l，直径为 d，用不同材料制成的两根杆件，在其两端作用相同的扭转力偶 M，试问

① 最大切应力 $\tau_{\max}$ 是否相同？为什么？

② 相对扭转角 φ 是否相同？为什么？

（3）指出如图 4-30 所示图形的切应变（阴影部分为变形后的形状）。

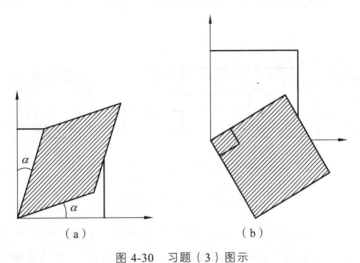

图 4-30　习题（3）图示

（4）如图 4-31 所示阶梯轴，已知 $d_1 = \dfrac{2}{3} d_2$，各段外力偶矩为 M_e，试求轴的最大扭转切应力。

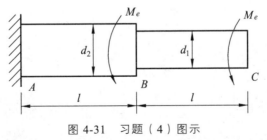

图 4-31　习题（4）图示

（5）如图 4-32 所示实心圆轴，已知直径 $d = 100\,\text{mm}$，长 $l = 1\,\text{m}$，两端作用的外力偶矩为 $M_e = 10\,\text{kN·m}$，材料的切变模量 $G = 8 \times 10^4\,\text{MPa}$。试求

① 最大切应力 $\tau_{\max}$，两端的相对扭转角 φ。

② 求截面 A、B、C 三点处切应力的大小，并作出各切应力的方向。

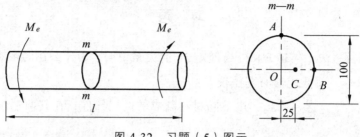

图 4-32　习题（5）图示

（6）如图 4-33 所示镗床扩孔时的简图，已知镗刀上的力 $F = 6\,kN$，工件内径 $D = 500\,mm$，刀杆长 $l = 1\,200\,mm$，刀杆材料切变模量 $G = 8 \times 10^4\,MPa$，许用切应力为 $[\tau] = 45\,MPa$，按强度条件计算刀杆直径 d 和刀杆端截面的扭转角 φ。

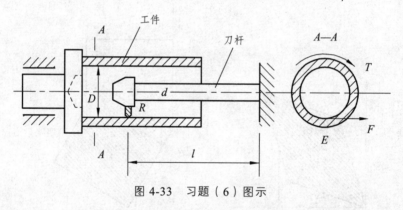

图 4-33　习题（6）图示

（7）如图 4-31 所示阶梯轴，若已知外力偶矩 $M_e = 1.2\,kN \cdot m$，轴的许用应力为 $[\tau] = 60\,MPa$，切变模量为 $G = 8 \times 10^4\,MPa$，杆长 $l = 60\,mm$，且扭转角 $[\theta]$ 不超过 $1°/m$，试确定各段的直径 d_1、d_2。

第5章 弯曲内力

5.1 平面弯曲的概念及梁的力学简图

1. 平面弯曲梁的概念

第 1 章中提过弯曲概念，即杆件会在两种情况下发生弯曲，一是作用在杆件上的外力为垂直于杆轴线的横向力，二是在位于纵向平面内作用一对大小相等、方向相反的力偶。在这些外力的作用下，杆件的轴线会由原来的直线变成曲线，如图 5-1 所示。以轴线变弯为主要特征的变形称为弯曲变形，主要产生弯曲变形的杆件称为梁。

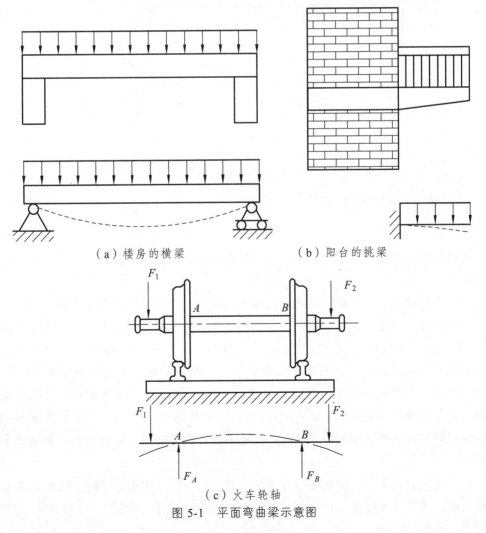

（a）楼房的横梁　　　　　　（b）阳台的挑梁

（c）火车轮轴

图 5-1 平面弯曲梁示意图

在工程实际和日常生活中，常会遇到类似产生弯曲变形的梁，如图 5-1 所示楼房的横梁，阳台的挑梁，以及桥式起重机大梁和火车轮轴等。这些梁的横截面可能为矩形、工字形、圆形、框形等，它们一般具有一个纵向对称轴，该轴与梁轴线构成梁的纵向对称面。当梁上所有的外力都作用在纵向对称平面时，变形后的梁轴线也仍在纵向对称平面内，如图 5-2 所示。这种弯曲变形称为**平面弯曲**。平面弯曲是工程中最简单的情形，本章及后两章主要讨论平面弯曲时的内力、应力及变形。

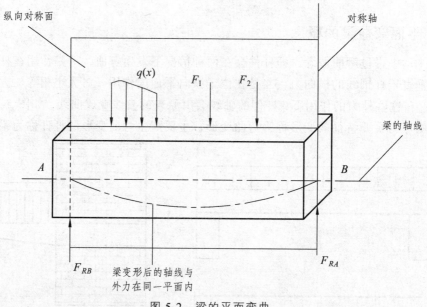

图 5-2　梁的平面弯曲

2. 梁的力学计算简图

在工程实际中，为了便于对梁进行分析、计算，又要保证计算结果符合实际要求，需要把梁的支承情况以及梁上作用的荷载情况进行简化。主要对梁的三种情况进行简化。

（1）梁的简化。不论梁的截面形状如何，通常以梁的轴线代替梁本身。

（2）荷载的简化。工程实际中，作用在杆件上的荷载归纳起来又可简化为三种形式。一是当荷载作用的范围与整个杆的长度相比非常小时，可将其简化为**集中力**。二是当荷载作用的范围与整个杆的长度相比不很小时，可将其简化为分布荷载。分布于单位长度上的荷载值称为分布荷载集度，一般用 q 表示。当 q 为常量时，称为**均布荷载**。当 q 沿梁轴线 x 变化，即 $q = q(x)$ 时，称为**非均布荷载**。三是作用在很短一段杆的纵向对称面内的力偶，即等值反向、相距很近的一对力，简化为**集中力偶**（分布力偶）。

（3）支座的简化。梁的支座按对梁在荷载平面内约束作用的不同，将其简化为固定端支座、固定铰支座及可动铰支座三种典型的支座形式，分别如图 5-3 所示。

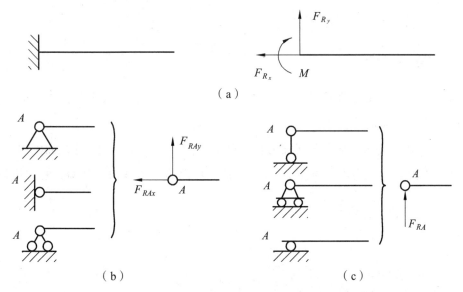

（a）

（b）　　　　　　　　（c）

图 5-3　典型的支座形式

通过对梁的本身、梁的荷载和支座情况进行简化后，即可得到梁的三种基本形式。

（1）**简支梁**：梁的一端为固定铰支座，另一端为可动铰支座，如图 5-4（a）所示。

（2）**外伸梁**：简支梁的一端或两端伸出支座之外，如图 5-4（b）所示。

（3）**悬臂梁**：梁的一端为固定端，另一端为自由端，如图 5-4（c）所示。

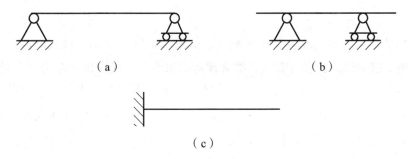

（a）　　　　　　　　　　（b）

（c）

图 5-4　梁的三种基本形式

梁的约束反力能用静力平衡条件完全确定的梁，称为**静定梁**。以上三种形式的梁都为静定梁。如图 5-1 所示楼房横梁、火车轮轴就可以简化为简支梁来进行计算。有时由于工程和结构的需要，在静定梁上再添支座，此时支座反力不能完全由静力学平衡方程确定，这种梁称为静不定梁或超静定梁（见图 5-5）。大型重载货车的车身可以简化为此种形式进行计算。

图 5-5　静不定梁形式

5.2 梁的简力和弯矩

1. 剪力和弯矩

为了研究梁弯曲时的强度和刚度，首先应分析并确定横截面上的内力。分析计算梁的内力方法用截面法。

现以如图 5-6（a）所示简支梁为例，已知 F, a, l，求距 A 端 x 处截面上内力。要求梁上的内力，首先需求出梁上 A、B 两端的支座反力。由静力学平衡方程式可得

$$\sum F_x = 0, \ F_{RAx} = 0$$

$$\sum M_A = 0, \ F_{RB}l - Fa = 0$$

$$\sum F_y = 0, \ F_{RAy} - F + F_{RBy} = 0$$

解得

$$F_{RB} = \frac{Fa}{l}, \ F_{RAy} = \frac{F(l-a)}{l}, \ F_{RAx} = 0$$

从上式中可以看出，只要梁简化为简支梁，F_{RAx} 恒为零。所以，以后遇到类似情况，F_{RAx} 可以省略不求。

按截面法沿截面 $m—m$ 假想将梁截开，如图 5-6（b）所示，被截断的两部分任留一段来研究，但不管选择哪一部分，都必须考虑其平衡。现先留下左边部分进行分析，梁上除了有支座反力 F_{RAy} 以外，没有其他外力，显然不平衡。为了使左边部分处于平衡状态，横截面 $m—m$ 上应存在一个与横截面平行的力 F_s 及一个作用面与横截面相垂直的力偶 M。由平衡方程式得

$$\sum F_y = 0, \ F_{RAy} - F_s = 0$$

$$\sum M_C = 0, \ M - F_{RAy}x = 0$$

解得

$$F_s = \frac{F(l-a)}{l}, \ M = \frac{F(l-a)}{l}x$$

式中，C 为截面 $m—m$ 的形心，作用在截面上的力 F_s 和力偶 M 为梁在受弯曲时横截面上的内力，分别称为剪力和弯矩。

当取右边部分为研究对象时，计算横截面上的内力方法类似。

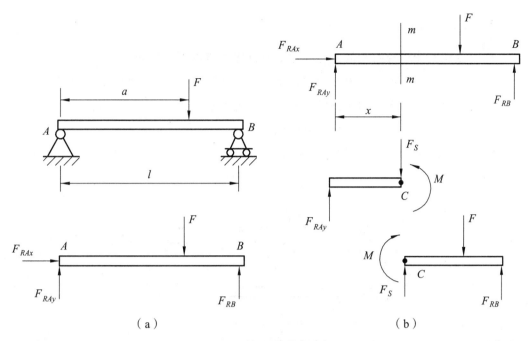

（a）　　　　　　　　　　　　　　　　　（b）

图 5-6　简支梁受力分析

2. 剪力和弯矩的正、负号规定

用截面法求梁上的内力时，由于剪力和弯矩假设的方向不一样，得出的结果会有差异。为了不管选择左、右部分哪一段来研究，得出的结果不仅数值相同，而且方向也一致，所以结合梁的变形情况，对剪力和弯矩的正负号加以规定。从梁中任取微段梁，剪力和弯矩符号规定如下（见图 5-7）。

（1）剪力 F_s：在保留段内任取一点，如果剪力的方向对其点之矩为顺时针的，则此剪力规定为正值，反之为负值。

（2）弯矩 M：使梁微段变成上凹下凸形状的为正弯矩；反之为负值。

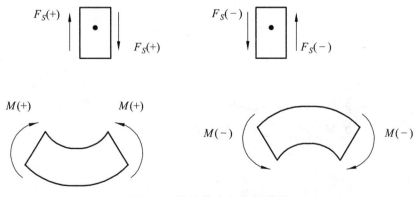

图 5-7　梁的剪力和弯矩符号

3. 注意问题

在用截面法计算弯曲梁的剪力和弯矩时，需注意以下两个问题。

（1）在截面上设正的内力方向。这里需要强调的是，截面上假设的正内力方向，只是形式上为正，算出来的数值可能为正也可能为负。

（2）在截开前不能将外力平移或简化。

例 5-1　求如图 5-8 所示梁中指定截面上的剪力和弯矩。

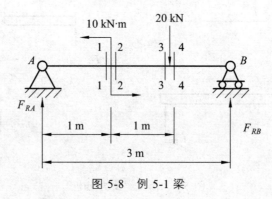

图 5-8　例 5-1 梁

解：（1）求支反力，列平衡方程。

$$\sum F_y = 0, \; F_{RA} + F_{RB} - F = 0$$

$$\sum M_A = 0, \; 10 - 20 \times 2 + F_{RB} \times 3 = 0$$

解得

$$F_{RB} = F_{RA} = 10 \text{ kN}$$

（2）用截面法求内力。

截面 1—1：以左段梁为研究对象，并设 F_{S1} 和弯矩 M_1 均为正，列平衡方程。

$$\sum F_y = 0, \; F_{RA} - F_{S1} = 0$$
$$\sum M_C = 0, \; -F_{RA} \times 1 + M_1 = 0$$

解得

$$F_{S1} = 10 \text{ kN}, \; M_1 = 10 \text{ kN·m}$$

截面 2—2：以左段梁为研究对象，并设 F_{S2} 和弯矩 M_2 均为正，列平衡方程。

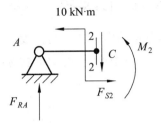

$$\sum F_y = 0, \; F_{RA} - F_{S2} = 0$$
$$\sum M_C = 0, \; -F_{RA} \times 1 + 10 + M_2 = 0$$

解得

$$F_{S2} = 10 \text{ kN}, \; M_2 = 0 \text{ kN} \cdot \text{m}$$

截面 3—3：以右段梁为研究对象，并设 F_{S3} 和弯矩 M_3 均为正，列平衡方程。

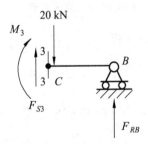

$$\sum F_y = 0, \; F_{RB} - 20 + F_{S3} = 0$$
$$\sum M_C = 0, \; F_{RB} \times 1 - M_3 = 0$$

解得

$$F_{S3} = 10 \text{ kN}, \; M_3 = 10 \text{ kN} \cdot \text{m}$$

截面 4—4：以右段梁为研究对象，并设 F_{S4} 和弯矩 M_4 均为正，列平衡方程。

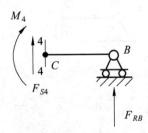

$$\sum F_y = 0, \; F_{RB} + F_{S4} = 0$$
$$\sum M_C = 0, \; F_{RB} \times 1 - M_4 = 0$$

解得

$$F_{S4} = -10 \text{ kN}, \; M_4 = 10 \text{ kN} \cdot \text{m}$$

若求得结果为正,表明剪力和弯矩的实际方向与假设方向相同,否则相反。

例 5-2 若如图 5-9 所示梁中 CB 段受均布荷载 $q = 15 \text{ kN/m}$ 作用,求出 2—2、3—3 截面上的剪力和弯矩。

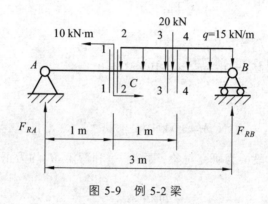

图 5-9 例 5-2 梁

解:(1)求支反力,列平衡方程。

$$\sum F_y = 0, \; F_{RA} + F_{RB} - F - 15 \times 2 = 0$$

$$\sum M_A = 0, \; 10 - 20 \times 2 - 15 \times 2 \times 2 + F_{RB} \times 3 = 0$$

解得

$$F_{RB} = 30 \text{ kN}, \; F_{RA} = 20 \text{ kN}$$

(2)用截面法求内力。

截面 2—2:以左段梁为研究对象,并设 F_{S2} 和弯矩 M_2 均为正,列平衡方程。

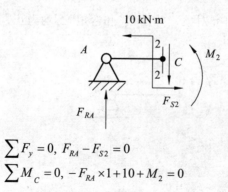

$$\sum F_y = 0, \; F_{RA} - F_{S2} = 0$$
$$\sum M_C = 0, \; -F_{RA} \times 1 + 10 + M_2 = 0$$

解得

$$F_{S2} = 20 \text{ kN}, \quad M_2 = 10 \text{ kN} \cdot \text{m}$$

截面 3—3：以右段梁为研究对象，并设 F_{S3} 和弯矩 M_3 均为正，列平衡方程。

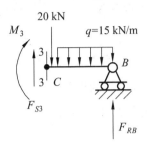

$$\sum F_y = 0, \quad F_{RB} - 20 - 15 \times 1 + F_{S3} = 0$$
$$\sum M_C = 0, \quad F_{RB} \times 1 - 15 \times 1 \times 0.5 - M_3 = 0$$

解得

$$F_{S3} = 5 \text{ kN}, \quad M_3 = 22.5 \text{ kN} \cdot \text{m}$$

若求得结果为正，表明剪力和弯矩的实际方向与假设方向相同。

5.3　剪力方程和弯矩方程，剪力图和弯矩图

1. 剪力方程和弯矩方程

从上节例题可以看出，梁上作用的外力相同而截面不同，或所取的截面相同而梁上作用的荷载不相同，得到的剪力和弯矩一般不相同。为了分析解决梁的强度和刚度问题，除了要计算指定截面上的剪力和弯矩，还需要知道剪力和弯矩沿梁轴线的变化规律，进而找到梁上最大的内力对应的截面，即危险截面，为梁的设计提供依据。

一般情况下，梁截面上的内力，即弯矩 M 和剪力 F_S 是随截面位置坐标 x 的不同而变化的，则各截面上的剪力和弯矩都可以表示为坐标 x 的函数，即

$$F_S = F_S(x)$$
$$M = M(x)$$

通常把以上关系式分别称为梁的**剪力方程**和**弯矩方程**。一般将坐标 x 的原点取在梁的左端，且内力方程通常为分段函数。

2. 剪力图和弯矩图

为了直观的表明剪力、弯矩沿梁轴线变化规律，通常将剪力、弯矩沿梁的截面变化情况用图形来表示。这种显示梁各截面上剪力 F_S 与弯矩 M 沿梁轴线变化的图形，称为**剪力图**与**弯矩图**。制作剪力图与弯矩图的步骤如下。

（1）建立 $F_S\text{-}x$ 和 $M\text{-}x$ 坐标：以梁横截面沿梁轴线的位置为横坐标，以垂直于梁轴线方向的剪力或弯矩为纵坐标。

（2）分段列出剪力方程和弯矩方程：分段点在有集中力、集中力偶、分布荷载的起止点处。

（3）求出分段点处横截面上剪力和弯矩的数值（包括正负号），并将这些数值标在 F_S、M 坐标中相应位置处。分段点之间的图形根据 $F_S(x)$ 和 $M(x)$ 方程绘出。

例 5-3　如图 5-10 所示悬臂梁 AB，在自由端受集中力 F 作用，试作此梁的剪力图和弯矩图。

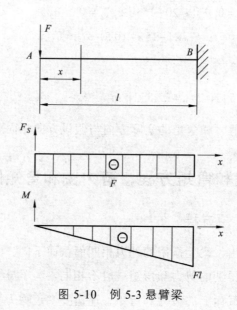

图 5-10　例 5-3 悬臂梁

解：（1）列剪力方程和弯矩方程。

$$F_S(x) = -F\,(0 < x < l)，\quad M(x) = -Fx\,(0 \leqslant x < l)$$

（2）作剪力图和弯矩图。

由剪力方程可知，剪力是一个常量，即各截面上的剪力均相等且为 $-F$。

由弯矩方程可知，弯矩是一次函数，故弯矩的形状必然是一条斜直线，至少需要两点来确定。

当 $x = 0$，$M(x) = 0$

当 $x = l$，$M(x) = -Fl$

从图 5-10 中可见，最大弯矩发生在固定端 B 处左侧截面上，其值 $|M|_{\max} = Fl$

例 5-4　如图 5-11 所示悬臂梁，其上承受荷载集度为 q 的均布荷载作用，试作此梁的剪力图和弯矩图。

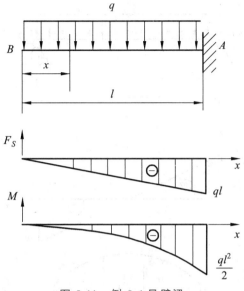

图 5-11　例 5-4 悬臂梁

解 : （1）列剪力方程和弯矩方程距左端为 x 的任意截面上的剪力和弯矩为

$$F_S(x) = -qx(0 < x < l)\ ,\quad M(x) = -\frac{1}{2}qx^2(0 \leqslant x < l)$$

（2）作剪力图和弯矩图。

由剪力方程可知，剪力是一次函数，故弯矩的形状必然是一条斜直线。

当 $x = 0$，$F_S(x) = 0$

当 $x = l$，$F_S(x) = -Fl$

由弯矩方程可知，弯矩是 x 的二次函数，故弯矩为一抛物线，至少需要三个点来确定。

当 $x = 0$，$M(x) = 0$

当 $x = \dfrac{l}{2}$，$M(x) = -\dfrac{ql^2}{8}$

当 $x = l$，$M(x) = -\dfrac{ql^2}{2}$

从图 5-11 中可见，最大剪力和最大弯矩发生在固定端 A 处左侧截面上，其值分别为 $|F|_{max} = ql$ 和 $|M|_{max} = \dfrac{ql^2}{2}$。

例 5-5　如图 5-12 所示简支梁 AB，承受集度为 q 的均布荷载作用，试作此梁的剪力图和弯矩图。

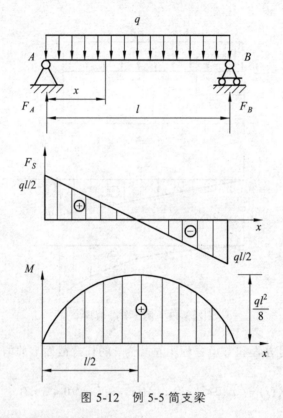

图 5-12　例 5-5 简支梁

解：（1）求支座反力。由对称性可知

$$F_A = F_B = \frac{ql}{2}$$

（2）列剪力方程和弯矩方程。在距 A 端为 x 的任意截面上有

$$F_S(x) = F_A - qx = \frac{ql}{2} - qx \quad (0 < x < l)$$

$$M(x) = F_A x - qx\frac{x}{2} = \frac{ql}{2}x - \frac{qx^2}{2} \quad (0 \leqslant x \leqslant l)$$

（3）作剪力图和弯矩图。

由剪力方程可知，剪力图必定为一斜直线。

当 $x = 0$，$F_S(x) = \dfrac{ql}{2}$

当 $x = l$，$F_S(x) = -\dfrac{ql}{2}$

由弯矩方程可知，弯矩图必定为一条二次抛物线。

当 $x = 0$，$M(x) = 0$

当 $x = \dfrac{l}{2}$，$M(x) = \dfrac{ql^2}{8}$

当 $x = l$，$M(x) = 0$

从图 5-12 中可见，最大剪力发生在两支座内侧的横截面，其值 $|F_S|_{max} = \dfrac{ql}{2}$，最大弯矩发生在梁跨度中点截面上，其值为 $|M|_{max} = \dfrac{ql^2}{8}$，且该截面上剪力 $F_S = 0$。

例 5-6　如图 5-13 所示简支梁 AB，在 C 截面作用一集中力 F，试作梁的剪力图和弯矩图。

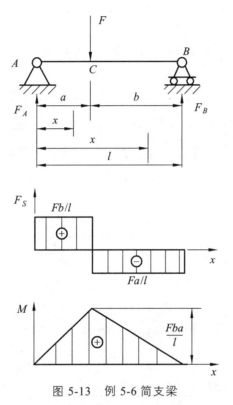

图 5-13　例 5-6 简支梁

解：（1）求梁的支反力。以整个梁为研究对象，由平衡方程得

$$F_B = \frac{Fa}{l}, \quad F_A = \frac{Fb}{l}$$

经过分析可知，因为 AC 段和 CB 段的内力方程不同，所以必须分段列剪力方程和弯矩方程。将坐标原点取在梁的左端。

AC 段：

$$F_s(x) = F_A = \frac{Fb}{l} \quad (0 < x < a)$$

$$M(x) = F_A x = \frac{Fb}{l} x \quad (0 \leqslant x \leqslant a)$$

CB 段：

$$F_s(x) = F_A - F = \frac{Fb}{l} - F = -\frac{Fa}{l} \quad (a < x < l)$$

$$M(x) = F_A x - F(x-a) = \frac{Fa}{l}(l-x) \quad (a \leqslant x \leqslant l)$$

由 *AC* 段和 *CB* 段的剪力方程可知，*AC*、*CB* 两段梁的剪力方程为常数，所以，剪力图各是一条平行于 *x* 轴的直线。

由 *AC* 段和 *CB* 段的弯矩方程可知，*AC*、*CB* 两段梁的剪力方程为一次函数，所以，弯矩图各是一条斜直线。

从图 5-13 中可以看出，在集中荷载作用处的左、右两侧截面上剪力值（图）有突变，突变值等于集中荷载 *F*，弯矩图形成尖角，该处弯矩值最大，即 $|M|_{\max} = \dfrac{Fab}{l}$。

例 5-7　如图 5-14 所示简支梁 *AB*，在 *C* 处受集中力偶 M_e 作用，试作此梁的剪力图和弯矩图。

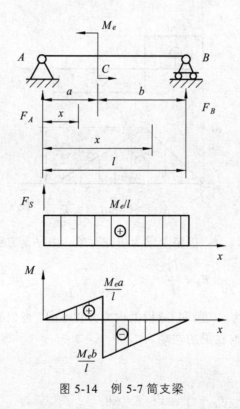

图 5-14　例 5-7 简支梁

解：（1）求梁的支反力。以整个梁为研究对象，由平衡方程得

$$F_B = -\frac{M_e}{l}, \quad F_A = \frac{M_e}{l}$$

（2）列剪力方程和弯矩方程。

由于集中力偶 M_e 对剪力 F_S 无影响，所以，全梁只需列一个剪力方程，但弯矩方程需分段列出。

全梁的剪力方程：

$$F_s(x) = \frac{M_e}{l} \quad (0 < x < l)$$

AC 段弯矩方程：

$$M(x) = F_A x = \frac{M_e}{l} x \quad (0 \leqslant x < a)$$

CB 段弯矩方程：

$$M(x) = F_B(l-x) = -\frac{M_e}{l}(l-x) \quad (a \leqslant x < l)$$

（3）画剪力图和弯矩图。

由剪力方程分析可知，剪力是一个常量，所以，各截面上的剪力均相等且为 $\frac{M_e}{l}$。

由弯矩方程分析可知，AC 段、CB 段弯矩都是一次函数，故弯矩的形状在 AC 段、CB 段为斜直线。

AC 段：$x = 0, M(x) = 0$；$x = a, M(x) = \frac{M_e a}{l}$

CB 段：$x = a, M(x) = -\frac{M_e b}{l}$；$x = l, M(x) = 0$

从图 5-14 中可知，因为 $b > a$，最大弯矩会发生在集中力偶 M_e 作用截面 C 的右侧，其值为 $|M|_{\max} = \frac{Mb}{l}$。

根据上面几个典型例题，可以基本掌握如何列出剪力和弯矩方程，以及根据方程画出剪力图和弯矩图的方法。这种方法也基本适用于平面刚架，所谓的平面刚架是指由在同一平面内不同取向的杆件，通过杆端相互刚性连接而组成的结构，如图 5-15 所示。为了能准确地表达平面刚架的内力图，画图时需做以下规定。

（1）平面刚架各杆的内力：剪力、弯矩、轴力。

（2）弯矩图：画在各杆的受拉一侧，不注明正、负号。

（3）剪力图、轴力图：可画在刚架轴线的任一侧，但须注明正负号；剪力和轴力的正负号仍与前述规定相同。

例 5-8　试作如图 5-15 所示刚架轴力图、剪力图和弯矩图。

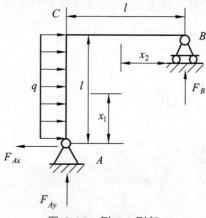

图 5-15　例 5-8 刚架

解：（1）求支座反力。以整个钢架为研究对象，由平衡方程

$$\sum F_x = 0, \ ql - F_{Ax} = 0$$

$$\sum M_A = 0, \ -ql\frac{l}{2} + F_B l = 0$$

$$\sum F_y = 0, \ F_{Ay} + F_B = 0$$

解得

$$F_{Ax} = ql, \ F_B = \frac{ql}{2}, \ F_{Ay} = -\frac{ql}{2}$$

得到的结果负号说明与假设方向相反。

（2）列内力方程。

将 AC 段及 CB 段坐标原点分别选在 A 点和 B 点，在刚架内侧观察，并假设各段杆的内侧受拉，列出各段内力方程。

AC 段：

$$F_N(x_1) = -F_{Ay} = \frac{ql}{2} \ (0 < x_1 < l)$$

$$F_S(x_1) = F_{Ax} - qx_1 = ql - qx_1 \ (0 < x_1 \leqslant l)$$

$$M(x_1) = F_{Ax}x_1 - \frac{qx_1^2}{2} = qlx_1 - \frac{q}{2}x_1^2 \ (0 \leqslant x_1 < l)$$

CB 段：

$$F_N(x_2) = 0 \ (0 < x_2 \leqslant l)$$

$$F_S(x_2) = -F_B = -\frac{ql}{2} \ (0 < x_2 < l)$$

$$M(x_2) = F_B x_2 = \frac{ql}{2}x_2 \ (0 \leqslant x_2 < l)$$

（3）画内力图。

根据 AC 段和 CB 段的剪力、弯矩及轴力方程，再根据画平行刚架内力图的规律，得出如图 5-16 所示图。

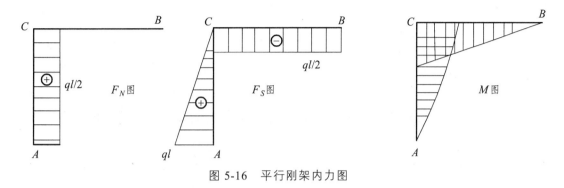

图 5-16　平行刚架内力图

5.4　弯矩、剪力和荷载集度间微分关系

本节主要研究剪力 F_S，弯矩 M 和荷载集度 q 之间的微分关系，应用于剪力图与弯矩图的绘制。

1. 弯矩、剪力和荷载间的微分关系

如图 5-17（a）所示，等直简支梁上作用着集中力、集中力偶，以及任意荷载集度 q 为 x 的函数，即 $q = q(x)$，并规定 $q(x)$ 向上为正，向下为负。且将 x 轴的坐标原点取在梁的左端。

假想地用坐标为 x 和 $x+\mathrm{d}x$ 的两横截面，从梁中截取 m—m 和 n—n 两相邻微段长 $\mathrm{d}x$。设 m—m 截面上内力为 $F(x)$、$M(x)$，则 $x+\mathrm{d}x$ 截面处 n—n 截面上的剪力和弯矩分别为 $F_S + \mathrm{d}F_S(x)$、$M + \mathrm{d}M(x)$。由于 $\mathrm{d}x$ 很小，略去 $q(x)$ 沿 $\mathrm{d}x$ 的变化，认为微段长上的 $q(x)$ 为均布荷载，如图 5-17（b）所示。

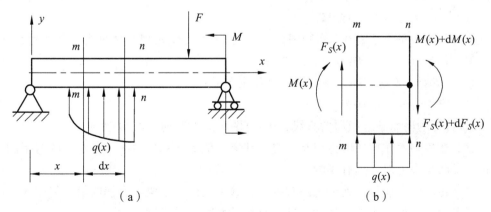

图 5-17　弯矩、剪力与荷载关系

写出微段梁的平衡方程：

$$\sum F_y = 0, \ F_S(x) - [F_S(x) + \mathrm{d}F_S(x)] + q(x)\mathrm{d}x = 0$$

化简得

$$\frac{\mathrm{d}F_S(x)}{\mathrm{d}x} = q(x) \tag{5-1}$$

对右端 C 点取矩得

$$\sum M_C = 0, \ [M(x) + \mathrm{d}M(x)] - M(x) - F_S(x)\,\mathrm{d}x - q(x)\mathrm{d}x\frac{\mathrm{d}x}{2} = 0$$

略去二阶无穷小量 $q(x)\dfrac{\mathrm{d}x^2}{2}$ 得

$$\frac{\mathrm{d}M(x)}{\mathrm{d}x} = F_S(x) \tag{5-2}$$

结合式（5-1）、（5-2）可得

$$\frac{\mathrm{d}^2 M(x)}{\mathrm{d}x^2} = q(x) \tag{5-3}$$

式（5-1）、（5-2）、（5-3）为剪力 $F_S(x)$、弯矩 $M(x)$ 和荷载集度 $q(x)$ 三者之间的微分关系。公式的几何意义：

（1）剪力图上某点处的切线斜率等于该点处荷载集度的大小。

（2）弯矩图上某点的切线斜率等于该点剪力的大小。

（3）根据 $q(x) > 0$ 或 $q(x) < 0$ 来判断弯矩图的凹凸性。

2. 微分关系在内力图上的应用

根据式（5-1）、（5-2）、（5-3）与 $F_S(x)$、$M(x)$ 和 $q(x)$ 三者之间的微分关系，可得到以下一些规律。

（1）梁上无荷载区段时，即 $q(x) = 0$。

剪力图为一条水平直线，弯矩图为斜直线。此时，又可以具体分为以下两种情况：

① 当 $F_S(x) > 0$ 时，向右上方倾斜。

② 当 $F_S(x) < 0$ 时，向右下方倾斜，如表 5-1 所示。

（2）梁上有向下的均布荷载时，即 $q(x) < 0$。

$F_S(x)$ 图为向右下方倾斜的直线，$M(x)$ 图为向上凸的二次抛物线。

（3）在集中力作用处剪力图有突变，其突变值等于集中力的值，对应的弯矩图有转折。说明集中力对弯矩有影响。

（4）在集中力偶作用处弯矩图有突变，其突变值等于集中力偶的值，但相对应的剪力图无变化。说明集中力偶对弯矩有影响，而剪力无影响。

（5）最大剪力可能发生在集中力所在截面的一侧（或左或右，根据实际情况而定），或荷载集度发生变化的区段上。

梁上最大弯矩 M_{max} 可能发生在 $F_S(x)=0$ 的截面上，或发生在集中力所在的截面上，或集中力偶作用处的一侧。

表 5-1　剪力、弯矩与分布力之间关系的应用图

	无分布荷载段	均布荷载段	集中力	集中力偶
外力	$q=0$	$q>0$　　$q<0$	F　c	M　c
F_S图特征	水平直线　　$F_S>0$　$F_S<0$	斜直线　　增函数　减函数	自左向右突变　F_{S1}　c　F_{S2}　$F_{S1}-F_{S2}=F$	无变化　c
M图特征	斜直线　　增函数　减函数	曲线　　凹状　凸状	自左向右折角　折向与同向	自左向右突变　M与M同　M_2　M_1　$M_1-M_2=m$

3. 简易法求内力

用截面法求内力，可以计算内力，所以不必再列平衡方程式。

（1）梁任一截面上的剪力，在数值上等于该截面左侧（或右侧）梁上所有横向外力的代数和。

$$F_S = \sum \pm F_{yi} \quad （一侧） \tag{5-4}$$

取左边为研究对象时，梁上的外力向上取正值，右侧梁上向下为正值，即左上右下剪力为正。

（2）梁任一截面上的弯矩，在数值上等于该截面左侧（或右侧）梁上所有外力（包括外力偶）对该截面形心力矩的代数和。

$$M = \sum \pm M_{ci} \quad （一侧） \tag{5-5}$$

取左边为研究对象时，梁上的外力（包括外力偶矩）对该截面形心的力矩为顺时针转向为正值，右侧梁上外力对截面形心的力矩为逆时针转向为正值，即左顺右逆弯矩为正。

4. 简易法作内力图法（利用微分规律）

根据上述的简易法求内力，可以利用内力与外力的关系及特殊点的内力值来作剪力图和弯矩图。基本步骤如下：

（1）首先确定梁上的支座反力。

（2）利用微分规律判断梁各段内力图的形状。

（3）确定控制点内力数值的大小及正负。

（4）描点画内力图。

控制点一般包括端点、分段点（外力变化点）和驻点（极值点）等。需根据实际情况去判断。

例 5-9　已知简支梁受外力作用如图 5-18 所示，试根据微分关系作梁的弯矩图和剪力图。

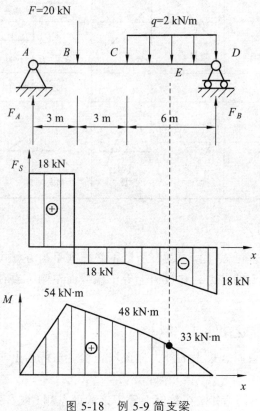

图 5-18　例 5-9 简支梁

解：（1）求梁的支反力。根据平衡方程得

$$F_A = 18 \text{ kN}, \ F_B = 14 \text{ kN}$$

（2）分段。将梁分为 AB、BC、CD 三段，其中 AB 和 BC 段属无均布荷载区，CD 段有均布荷载区。

（3）作剪力图。

AB 段：梁上无均布荷载，所以此段剪力图为一条直线，只需确定该段内任意截面的剪力值即可。由式（5-5）得

$$F_{SA右} = F_{SB左} = 18 \text{ kN}$$

BC 段：梁上也无均布荷载，同上可得

$$F_{SB右} = F_{SC左} = 18 - 20 = -2 \text{ (kN)}$$

B 处有集中力 F，故剪力图突变，突变值为集中力 F 的值。

CD 段：梁上有均布荷载，且 $q < 0$。所以此段剪力图为一条右下斜直线，需要确定该段内两个截面上的剪力值。由式（5-5）得

$$F_{SC右} = 18 - 20 = -2 \text{ (kN)}$$

$$F_{SD左} = -14 \text{ (kN)}$$

通过上面的分析和计算结果，作出剪力图如 5-18 所示。

（4）作弯矩图。

AB 段：梁上无均布荷载，再根据式（5-2），可以确定此段弯矩图为一条左上斜直线。只需确定 A 截面上和 B 截面左侧上的弯矩即可。由式（5-6）得

$$M_A = 0$$

$$M_{B左} = 18 \times 3 = 54 \text{ (kN·m)}$$

BC 段：梁上也无均布荷载，但此段的剪力值为负，所以此段弯矩图为一条右下斜直线，同理可得

$$M_{B右} = 18 \times 3 = 54 \text{ (kN·m)}$$

$$M_{C左} = 18 \times 6 - 20 \times 3 = 48 \text{ (kN·m)}$$

由 B、C 两截面处的弯矩值可作出弯矩图。因 B 处有集中力 F，故 M 图在该处为一折角。

CD 段：梁上有均布荷载，且 $q < 0$。剪力图为一条右下斜线。再根据式（5-2），可以确定此段弯矩图为一条向上凸的曲线。需要确定三个截面上的弯矩才可以作出弯矩图。可以确定的两点为 C 点右侧截面弯矩和 D 点的弯矩，剩下一个侧面的弯矩可以找中点，设该点为 E，此截面距 D 点的距离为 3 m。由式（5-6）得

$$M_{C右} = 18 \times 6 - 20 \times 3 = 48 \text{ (kN)}$$

$$M_D = 0$$

$$M_E = 14 \times 3 - 2 \times 3 \times \frac{3}{2} = 33 \text{ (kN)}$$

通过上面的分析和计算结果，作出弯矩图如 5-18 所示。

例 5-10　一根外伸梁如图 5-19 所示。试用微分关系作剪力图和弯矩图。

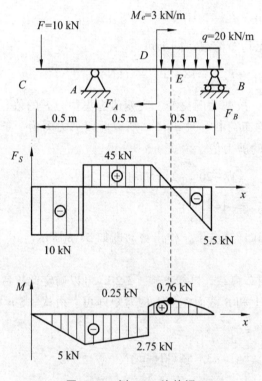

图 5-19　例 5-10 外伸梁

解：（1）求梁的支反力。以整个梁为研究对象，由平衡方程：

$$\sum M_B = 0,\ F \times 0.5 - M_e - q \times 0.5 \times \left(\frac{0.5}{2} + 0.5 \right) + F_B \times 1 = 0$$

$$\sum M_B = 0,\ F \times 1.5 - F_A \times 1 - M_e - q \times 0.5 \times \frac{0.5}{2} = 0$$

解得

$$F_A = 14.5\ \text{kN},\ F_B = 5.5\ \text{kN}$$

（2）分段。根据梁的荷载和支座情况，将梁分为 CA、AD、DB 三段。其中 CA 和 AD 段属无均布荷载区，DB 段有均布荷载区。

（3）作剪力图和弯矩图。

CA 段：$q = 0$，F_S 图为水平线，只需确定该段内任一截面的剪力值即可。根据剪力与弯矩的微分方程可知，弯矩图为斜线，根据式（5-5）及 A 点左端的内力图得

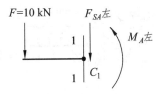

$$F_{SC右} = F_{SA左} = 10 \text{ kN}$$

$$M_{A左} = -10 \times 0.5 = -5 \, (\text{kN} \cdot \text{m})$$

AD 段：梁上也无均布荷载，F_S 图为一水平线，同上可得

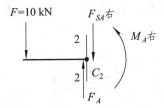

$$F_{SA右} = F_{SD左} = -10 + 14.5 = -4.5 \, (\text{kN})$$

A 处有集中力 F_A，故剪力图突变，突变值为集中力 F_A 的值。

因集中力对弯矩没有影响，所以

$$M_{A右} = -10 \times 0.5 = -5 \, (\text{kN} \cdot \text{m})$$

因 AD 段 F_S 图为水平线，根据剪力与弯矩的微分方程可知，弯矩图为斜线，取 D 点左侧的截面，可得

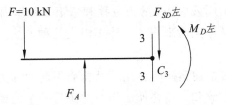

$$M_{D左} = -10 \times 1 + 14.5 \times 0.5 = -2.75 \, (\text{kN} \cdot \text{m})$$

DB 段：梁上有均布荷载，且 $q < 0$。所以此段剪力图为一条右下斜直线，需要确定该段内两个截面上的剪力值。因为集中力偶对剪力无影响，所以 D 处左右两侧面剪力值无变化，由式（5-5）得

$$F_{SD右} = -4.5 \text{ kN}$$

$$F_{SB左} = -5.5 \text{ kN}$$

因 DB 段剪力图为一条右下斜直线，根据剪力与弯矩的微分方程可知，弯矩图为一条向上凸的曲线。需要确定三个截面上的弯矩才可以作出弯矩图。可先确定 D 点右侧截面弯矩和 B 点的弯矩，得

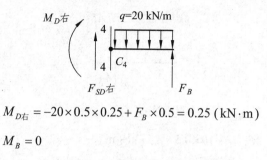

$$M_{D右} = -20 \times 0.5 \times 0.25 + F_B \times 0.5 = 0.25 \ (\text{kN} \cdot \text{m})$$

$$M_B = 0$$

三点确定一条曲线，剩下一个点的侧面选在此段剪力图上 $F_S = 0$ 处，设该点为 E 点，因为此处弯矩可能达到极值。此截面距 B 点的距离可以用相似三角关系求得为 $0.275 \ \text{m}$。作内力图并计算出 E 点处的内力，得

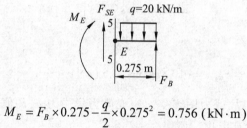

$$M_E = F_B \times 0.275 - \frac{q}{2} \times 0.275^2 = 0.756 \ (\text{kN} \cdot \text{m})$$

通过上面的分析和计算结果，作出剪力图和弯矩图如 5-19 所示。

5.5 用叠加法作梁的弯矩图

前面几节依次介绍了用截面法、剪力方程和弯矩方程作内力图，还可以结合剪力、弯矩与荷载集度之间的微分关系来作图。除了以上几种方法，还有一种用叠加法来作内力图。

所谓的叠加法是，多个荷载同时作用于结构而引起的内力等于每个荷载单独作用于结构而引起的内力的代数和。用叠加法作内力图有一个前提条件：必须是小变形、梁的跨长改变忽略不计。所求参数（内力、应力、位移）必然与荷载满足线性关系，即在弹性限度内满足胡克定律。叠加法作内力图的步骤如下。

（1）梁上的几个荷载分解为单独的荷载作用。

（2）分别作出各项荷载单独作用下梁的弯矩图。

（3）将其相应的纵坐标叠加即可（注意：不是图形的简单拼凑）。

例 5-11 如图 5-20（a）所示悬臂梁受集中荷载 F 和均布荷载 q 共同作用。试按叠加原理作此梁的弯矩图。

解：（1）悬臂梁受集中荷载 F 和均布荷载 q 共同作用，在距左端为 x 的任一截面上的弯矩方程为

$$M(x) = Fx - \frac{qx^2}{2}$$

（2）将悬臂梁分解为各外力单独作用在悬臂梁上，如图 5-20（b）、图 5-20（c）所示。分别列出梁的弯矩方程，当 F 单独作用时，有

$$M_F(x) = Fx$$

当 q 单独作用时，有

$$M_q(x) = -\frac{qx^2}{2}$$

共同作用该截面上的弯矩等于 F、q 单独作用该截面上的弯矩的代数和，即

$$M(x) = Fx - \frac{qx^2}{2}$$

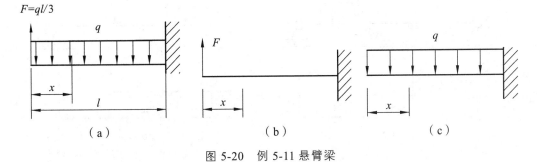

图 5-20　例 5-11 悬臂梁

（3）分别画出 F、q 单独作用时的弯矩图，然后用叠加法叠加，如图 5-21 所示。

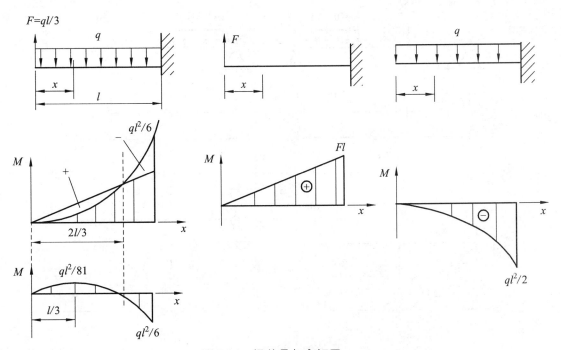

图 5-21　梁的叠加弯矩图

习 题

（1）在计算受弯杆件的内力时，杆件的剪力和弯矩的正负号怎么确定？与静力平衡方程中力矩的确定有什么不同？

（2）两根跨度相同的简支梁，梁上所承受得荷载相同，请问下列几种情况下，其内力是否相同？

① 两根梁的材料相同，但横截面不同。

② 两根梁的横截面相同，但材料不同。

③ 两根梁的材料和横截面都相同。

（3）用截面法计算如图 5-22 所示指定截面的剪力和弯矩。

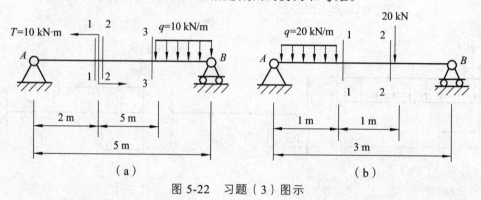

图 5-22　习题（3）图示

（4）试作出如图 5-23 所示各梁的剪力图和弯矩图，并写明内力计算详细过程。

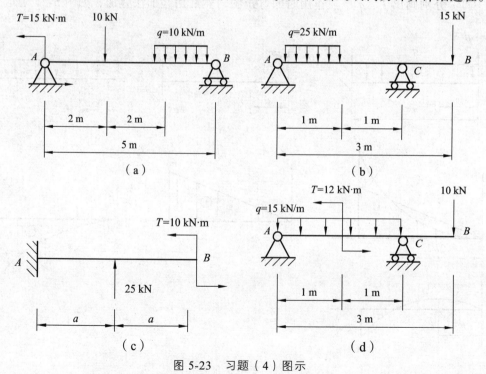

图 5-23　习题（4）图示

第6章 弯曲应力

6.1 弯曲正应力

从第 5 章已知梁在弯曲时的内力有剪力 F_s 和弯矩 M，要想解决梁的强度问题，只知道梁的内力是不够的，还必须研究梁的应力。当梁上有横向外力作用时，一般情况下，梁的横截面上既有剪力又有弯矩两个基本内力分量，如图 6-1（a）所示，相对应的应力分别为切应力 τ 和正应力 σ 两个分量，如图 6-1（b）、图 6-1（c）所示。

可以证明，只有与切应力有关的切向内力元素 $\mathrm{d}F_s = \tau \mathrm{d}A$ 才能合成剪力，只有与正应力有关的法向内力元素 $\mathrm{d}F_N = \sigma \mathrm{d}A$ 才能合成弯矩，其中 $\mathrm{d}A$ 为图 6-1（d）中 m—m 截面上任取的微面积。所以，剪力 F_s 是横截面上切向内力系的合力，而弯矩 M 是横截面上法向内力系的合力偶矩。因此，在梁的横截面上一般既有正应力，又有切应力。工程实践表明，梁横截面上正应力 σ 是决定梁强度的主要因素，而切应力 τ 是次要的。所以，本章将着重讨论等直梁在弯曲时其横截面上的正应力引起的强度校核公式，切应力强度校核公式只做一般介绍。

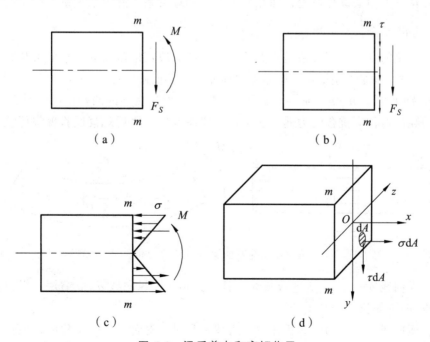

图 6-1 梁受剪力和弯矩作用

1. 纯弯曲梁的正应力

如图 6-2（a）所示火车车厢轮轴，在不考虑自重的情况下，其弯矩图与剪力图如图 6-2（b）所示，从图中可以看出，AB 段剪力为零，弯矩为常数。若梁在某段内各横截面上只有弯矩，没有剪力，则称该段梁的弯曲变形为**纯弯曲**。若梁在某段内各横截面上既有弯矩又有剪力，则称该段梁的弯曲变形为**横力弯曲**。为了便于研究讨论，首先介绍纯弯曲下的正应力计算公式的推导。

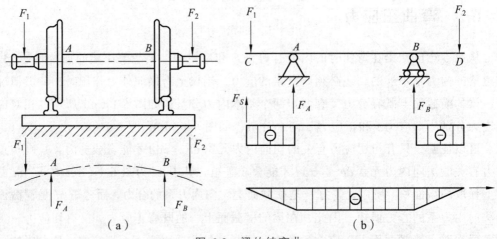

图 6-2　梁的纯弯曲

推导梁在纯弯曲状态下正应力的计算公式与推导轴在受扭转时的切应力公式类似，需要从三方面去综合讨论，即几何关系、物理关系、静力学关系。

1）几何关系

纯弯曲梁的变形几何关系是依据试验建立的，取矩形截面的等直梁来观察其变形情况。为了便于试验研究，在开始加力之前先在其侧面画上相互垂直的直线，即 a—a、b—b 都分别垂直于 m—m、n—n，如图 6-3 所示。然后在梁的两端作用一对大小为 M 且与梁的纵向对称面重合的力偶，让梁发生弯曲变形。之后观察试验现象可注意到：

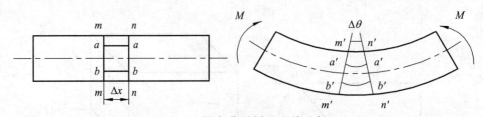

图 6-3　纯弯曲梁划分直线分析

（1）纵向线 a—a、b—b 弯成弧线，且靠近顶端的纵向线 a—a 缩短，靠近底端的纵向线段 b—b 伸长。

（2）横向线 m—m、n—n 仍保持为直线，只是相对转过了一个角度，但仍与变形后的纵向弧线垂直。

根据观察到的试验现象，经过判断和推理，可对梁的纯弯曲变形做出以下假设。

（1）平面假设：由于横向线变形后仍为直线，可以推断变形前为平面的横截面变形后仍保持为平面，且垂直于变形后的梁轴线，只是绕截面内的某一轴转动了一个角度，如图 6-4 所示。

（2）单向受力假设：由于各纵向线间距不变，可以推断纵向纤维不相互挤压，只受单向拉压。因此，可以认为梁在发生纯弯曲状态时，各纵向纤维的每一点都处于单向拉伸（或压缩）应力状态。

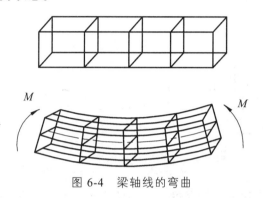

图 6-4　梁轴线的弯曲

根据梁在纯弯曲状态下的试验现象推断的以上两个假设可知，梁在变形后，靠近顶端的纵向线缩短，靠近底端的纵向线伸长。如果把纵向线纤维看成是连续的，那么，其在由缩短到伸长的变化也应该是连续的。因此，中间必有一层纵向纤维既不伸长也不缩短，称这层纤维为**中性层**，如图 6-5 所示。中性层与横截面的交线称为**中性轴**。由于外力偶矩作用在纵向对称平面内，因此梁的平面弯曲变形也在此平面内，中性层与梁的纵向对称面始终正交。所以，任一横截面上的对称轴与中性轴垂直。但中性轴的具体位置现在还无法确定。

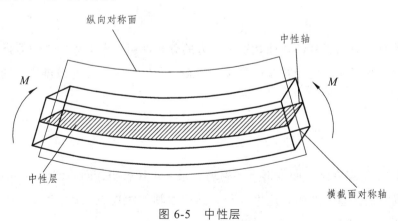

图 6-5　中性层

要推导出梁在纯弯曲状态下正应力计算公式，需要从三方面去研究，下面首先从几何方面找到纯弯曲状态下梁的应变分布关系。

取如图 6-3 所示矩形梁上微小段 dx 来研究，如图 6-6 所示，其中任意纵向纤维 bb 距中性层处纵向纤维 OO 的距离为 y，在外力偶矩 M 的作用下梁发生纯弯曲变形。

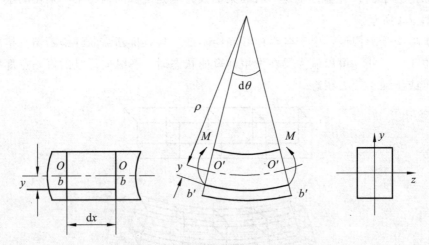

图 6-6　矩形梁的纯弯曲变形分析

可从图中观察到微段左右横截面相对转角为 dθ，纵向纤维 bb 变成弧度 $b'b'$，其弧长为 $(\rho+y)\mathrm{d}\theta$。由于中性层处纵向纤维 OO 在变形前后长度不变，即弧度 $O'O'$ 等于纵向纤维 $\overline{OO}=\overline{bb}=\rho\mathrm{d}\theta$，所以纯弯曲状态下梁上的应变分布关系为

$$\varepsilon = \frac{\Delta l}{l} = \frac{(\rho+y)\mathrm{d}\theta - \rho\mathrm{d}\theta}{\rho\mathrm{d}\theta} = \frac{y}{\rho} \tag{6-1}$$

式（6-1）中，因为同一截面上各点的 ρ 为常数，故直梁纯弯曲时的应变分布规律为纵向纤维的应变与它到中性层的距离成正比。

2）物理关系

通过物理关系来找到纯弯曲状态下应力的分布规律。根据单向受力假设可知，梁上所有的纤维均处于单向受拉（或受压）状态，所以在正应力不超过材料的比例极限时，满足胡克定律，即

$$\sigma = E\varepsilon = E\frac{y}{\rho} \tag{6-2}$$

式（6-2）为梁在纯弯曲变形下的物理关系，该式表明，同一截面 E/ρ 是个常量，此时，横截面上任意一点的正应力 σ 与它到中性轴的距离成正比。当 $y=0$ 时，$\sigma=0$，在任意横截面的两端，距中性层最远处，y 值最大，此时正应力 σ 也达到最大值。只是一侧受拉应力，另一侧受压应力。距中性轴等距离处，正应力值相等，如图 6-7 所示。

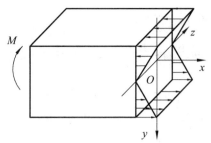

图 6-7　横截面上正应力分析

3）静力学关系

式（6-2）只能表明梁在纯弯曲状态下的正应力分布规律，且中性轴的位置和中性层的曲率半径 ρ 还待确定，所以不能用于计算正应力，需要从静力学的平衡关系去解决。

在纯弯曲的矩形截面梁上取微面积 $\mathrm{d}A$，且取 z 轴为中性轴，微面积 $\mathrm{d}A$ 到 z、y 轴距离如图 6-8 所示。作用在微面积 $\mathrm{d}A$ 上的法向微内力为 $\mathrm{d}F_N = \sigma \mathrm{d}A$。在整个横截面上，各微面积上的微内力构成一个空间平行力系，它可以组成三个内力分量，即轴力 F_N、弯矩 M_z、M_y。将力系向截面形心简化，且考虑到梁在做纯弯曲时，横截面上的轴力 F_N 及其对 x、y 轴的矩为零，此时，内力分量 M_z 与外力偶距 M 相平衡，可建立以下有效平衡方程式：

$$F_N = \int_A \mathrm{d}F_N = \int_A \sigma \mathrm{d}A = 0 \tag{6-3}$$

$$M_y = \int_A \mathrm{d}M_y = \int_A z\sigma \mathrm{d}A = 0 \tag{6-4}$$

$$M_z = \int_A \mathrm{d}M_z = \int_A y\sigma \mathrm{d}A = M \tag{6-5}$$

将应力式（6-2）代入式（6-3），得

$$F_N = \int_A E\frac{y}{\rho} \mathrm{d}A = \frac{E}{\rho} \int_A y\mathrm{d}A = \frac{E}{\rho} S_z = 0$$

式中，S_z 为横截面对中性轴 z 轴的静矩，对于固定截面，$\dfrac{E}{\rho}$ 不等于零，故必有

$$S_z = \int_A y\mathrm{d}A = 0$$

则 z 轴一定通过横截面的形心。

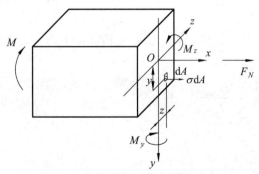

图 6-8　纯弯曲梁的矩形截面分析

将应力式（6-2）代入式（6-4），得

$$M_y = \int_A zE\frac{y}{\rho}\mathrm{d}A = \frac{E}{\rho}\int_A zy\mathrm{d}A = \frac{E}{\rho}I_{yz} = 0$$

式中，I_{yz} 是横截面对 y 轴和 z 轴的惯性积，因 y 轴为横截面的对称轴，且 z 轴垂直与 y 轴，可以得出 $I_{yz} = \int_A zy\mathrm{d}A$ 为零。若 z、y 轴为横截面的形心主轴，上式自然满足。

将式（6-2）代入式（6-5），得

$$M_z = \int_A yE\frac{y}{\rho}\mathrm{d}A = \frac{E}{\rho}\int_A y^2\mathrm{d}A = M$$

式中，$I_z = \int_A y^2\mathrm{d}A$ 为横截面对中性轴的惯性矩，将上式化为

$$\frac{1}{\rho} = \frac{M}{EI_z} \tag{6-6}$$

式（6-6）为梁的平面弯曲变形的基本公式，$\dfrac{1}{\rho}$ 为中性层的曲率，EI_z 为**抗弯刚度**，它表示梁抵抗弯曲变形的能力。从式（6-6）中可以看出 $1/\rho$ 与弯矩成正比，与 EI_z 成反比。即弯矩不变时，梁的抗弯刚度越大，梁的曲率越小。

将式（6-2）代入式（6-6）得

$$\sigma = \frac{My}{I_z} \tag{6-7}$$

式（6-7）为梁在发生纯弯曲时横截面上正应力的计算公式，其中 M 为梁横截面上的弯矩，y 为计算应力的点到中性轴的距离，I_z 为梁横截面对中性轴 z 的惯性矩。

应用式（6-7）要注意以下几点：

（1）虽然此式是由矩形截面梁在纯弯曲的情况下推导出来的，但在导出公式的过程中，并没有使用矩形的几何性质。所以，此式也适用于所有具有对称横截面状的梁，如圆形截面、T 型钢以及工字型钢等。

（2）应用此式时，一般将 My 以绝对值代入，根据梁变形的情况直接判断 σ 的正负号。 即以中性层为界，梁变形后凸出边的应力为拉应力（σ 为正号），凹入边的应力为压应力（σ 为负号）。

（3）由此式可知，最大正应力 $\sigma_{\max}$ 发生在横截面上离中性轴最远的点处，如图 6-7 所示。则最大弯曲正应力为

$$\sigma_{\max} = \frac{My_{\max}}{I_z} \tag{6-8}$$

若令

$$W_z = \frac{I_z}{y_{\max}} \tag{6-9}$$

则式（6-8）可改写为

$$\sigma_{\max} = \frac{M}{W_z} \qquad (6\text{-}10)$$

式中，W_z是抗弯截面系数，它是仅与截面形状和尺寸有关的一个量，量纲为长度的三次方。

2. 横力弯曲梁的正应力

工程中常见的平面弯曲一般不是纯弯曲，而是横力弯曲。所谓的横力弯曲是当梁上有横向力作用时，横截面上既又弯矩又有剪力，如图6-9所示。由于剪力的影响，梁的横截面发生"翘曲"现象而不再保持为平面。因此，梁在纯弯曲时所做的平面假设推导出的正应力计算公式均不能成立。但经弹性力学精确分析表明，当梁的跨度l与横截面高度 h 之比$l/h > 5$（细长梁）时，纯弯曲正应力公式对于横力弯曲近似成立。所以，式（6-7）同样适用于横力弯曲的梁。

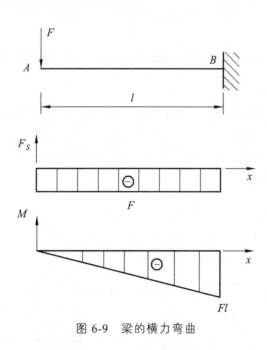

图6-9 梁的横力弯曲

6.2 梁的正应力强度条件

1. 最大弯曲应力

上节已经介绍过，对等直梁，其最大正应力$\sigma_{\max}$发生在弯矩最大截面（危险截面）距中性轴最远的各点处，如图6-7所示。则最大弯曲正应力为

$$\sigma_{\max} = \frac{M_{\max}}{W_z}$$

式中，$M_{\max}$ 为梁上危险截面处的弯矩，W_z 为抗弯截面系数。

（1）应用比较广的中性轴为对称轴的截面。

对矩形截面，设其高为 h，宽为 b，则

$$I_z = \frac{bh^3}{12}, \quad y_{\max} = \frac{h}{2}, \quad W_z = \frac{bh^2}{6}$$

对于直径为 D 的圆形截面，则有

$$I_z = \frac{\pi D^4}{64}, \quad y_{\max} = \frac{D}{2}, \quad W_z = \frac{\pi D^3}{32}$$

对于内径为 d，外径为 D 的空心圆截面，有

$$I_z = \frac{\pi D^4}{64}(1-\alpha^4), \quad y_{\max} = \frac{D}{2}, \quad W_z = \frac{\pi D^3}{32}(1-\alpha^4)$$

其中，$\alpha = \frac{d}{D}$，其他各种型钢的抗弯截面系数 W_z 可从型钢规格表中查到。

（2）中性轴不是对称轴的横截面。

如图 6-10 所示 T 字钢截面，应分别以横截面上受拉和受压部分距中性轴最远的距离 $y_{c\max}$ 和 $y_{t\max}$ 直接代入公式

$$\sigma = \frac{My}{I_z}$$

即

$$\sigma_t = \frac{My_{t\max}}{I_z}, \quad \sigma_c = \frac{My_{c\max}}{I_z}$$

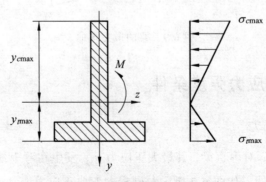

图 6-10　T 字钢截面与应力分布

2. 正应力强度条件

要保证梁在承受弯曲变形后不被破坏，需求出梁截面上的最大正应力 σ_{max} 不应超过材料的许用弯曲正应力 $[\sigma]$，即

$$\sigma_{max} = \frac{M_{max}}{W_z} \leqslant [\sigma] \qquad (6\text{-}10)$$

应用式（6-10）要注意以下几点：

（1）对于抗拉抗压性能相等的塑性材料，用式（6-10）来校核即可。

（2）对于抗拉抗压性能不等的塑性材料，且中性轴为对称轴的截面，只需校核 $\sigma_{t\,max} \leqslant [\sigma]$。因为塑性材料抗压不抗拉，只要最大拉应力满足强度条件即可。对中性轴不是对称轴的截面，就实际情况来解决。

（3）对于抗拉和抗压性能不一样的脆性材料，要求梁上最大的拉应力 $\sigma_{t\,max}$ 和最大的压应力 $\sigma_{c\,max}$ 分别不超过材料的许用拉应力 $[\sigma_t]$ 和许用压应力 $[\sigma_c]$，即

$$\sigma_{t\,max} \leqslant [\sigma_t], \quad \sigma_{c\,max} \leqslant [\sigma_c]$$

3. 强度计算步骤

梁的正应力强度条件的计算步骤要有以下几点：

（1）求支反力并画内力图。

（2）判断梁的危险截面和危险点。

（3）求截面图形的静矩和惯性矩等。

（4）计算危险点的应力。

（5）列出强度条件，进行强度计算。

利用梁弯曲时的强度条件可以解决三种问题：强度校核、截面设计、确定许可荷载。

例 6-1 如图 6-11 所示简支梁，梁上受均布荷载作用，荷载集度 $q = 80\ kN/m$，梁的跨长 $l = 4\ m$，其许用应力为 $[\sigma] = 220\ MPa$。试求该截面危险截面上 a、b 两点的正应力，并校核梁的强度。

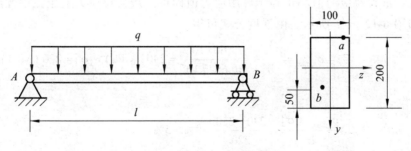

图 6-11 例 6-1 简支梁

解：（1）首先画出梁的弯矩图如图 6-12（a）所示。

从图中可以看出最大弯矩值发生在梁的中点，其值为 $M_{max} = 120\ kN \cdot m$，且为正弯矩，如图 6-12（b）所示，此时矩形截面梁中性层以上为压应力，以下为拉应力。由于梁为等截面梁，梁上最大弯矩作用的地方即为危险截面。

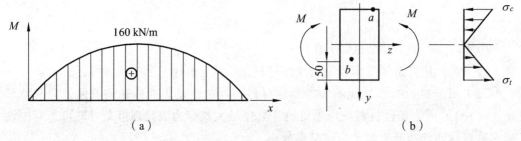

图 6-12 简支梁的弯矩图

（2）计算矩形截面的几何性质。

$$I_z = \frac{bh^3}{12} = \frac{100 \times 200^3}{12} = 0.667 \times 10^8\ (mm^4)$$

$$W_z = \frac{I_z}{h/2} = 0.667 \times 10^6\ (mm)$$

（3）计算危险截面指定点的正应力。

由（1）分析可知，a 点是危险截面上最大的压应力点，其值为

$$\sigma_c = \sigma_{c,max} = \frac{M_{max}}{W_z} = \frac{160 \times 10^6}{0.667 \times 10^6} = 240\ (MPa)$$

b 点位于危险截面的拉应力区，但其不是最大的拉应力，值为

$$\sigma_b = \frac{M_{max}y}{I_z} = \frac{160 \times 10^6 \times (100 - 50)}{0.667 \times 10^8} = 120\ (MPa)$$

（4）校核梁的强度。

由题可知，只要危险截面上的最大应力满足强度条件，梁就安全，由于梁是对称截面，只需最大拉应力值小于等于许用应力值即可。最大拉应力发生在中性层以下边缘处，如图 6-12（b）所示。由强度公式可得

$$\sigma_t = \sigma_{t,max} = \frac{M_{max}}{W_z} = \frac{160 \times 10^6}{0.667 \times 10^6} = 240\ (MPa) > [\sigma] = 220\ (MPa)$$

得

$$\frac{\sigma_{t,max} - [\sigma]}{\sigma} = \frac{240 - 220}{220} = 9\% > 5\%$$

由于 $\sigma_{t,max}$ 超过许用应力 $[\sigma]$ 的 5%，所以强度不满足。

例 6-2　一根圆形截面铸铁简支梁，$D = 60\ mm$，受力如图 6-13 所示，已知铸铁的许用拉应力为 $[\sigma_t] = 50\ MPa$，许用压应力 $[\sigma_c] = 120\ MPa$。试校核梁的强度是否满足，如不满足，请重新设计梁的截面。

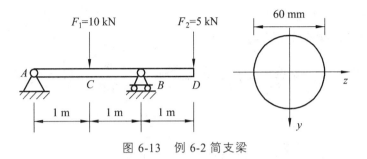

图 6-13　例 6-2 简支梁

解：（1）由静力平衡条件得支反力。

$$F_A = 2.5\ kN,\ F_B = 12.5\ kN$$

并作弯矩图如图 6-14 所示，从图中可以看出，C 点和 B 点都为危险截面，只是 C 点截面处有最大正弯矩 $M_C = 2.5\ kN \cdot m$，B 点截面处有最大负弯矩 $M_B = -5\ kN \cdot m$。

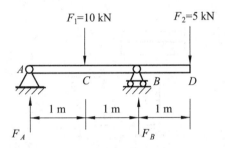

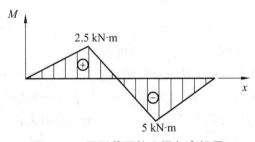

图 6-14　圆形截面简支梁与弯矩图

（2）计算截面的几何性质。

$$W_z = \frac{\pi D^3}{32} = \frac{3.14 \times 60^3}{32} = 2.1 \times 10^4\ (mm^3)$$

（3）校核梁的强度。

由于梁是对称截面，则可以确定梁的危险截面在 B 点处。由于铸铁抗压不抗拉，所以，只需校核 B 点处截面离中性层最远点的拉应力即可。

$$o_{t,\max} = \frac{M_{\max}}{W_z} = \frac{5 \times 10^6}{2.1 \times 10^4} = 238 \, (\text{MPa}) > [\sigma_t]$$

所以，梁的强度不满足要求。

（5）重新选择梁的截面。

由弯曲梁的强度校核公式得

$$o_{t,\max} = \frac{M_{\max}}{W_z} \leqslant [\sigma_t], \quad W_z = \frac{M_{\max}}{[\sigma_t]} = \frac{5 \times 10^6}{50 \times 10^6} = 0.1 \times 10^{-3} \, (\text{m}^3)$$

所以

$$W_z = \frac{\pi D_1^3}{32} = 1 \times 10^5 \, \text{mm}^3, \quad D_1 = 147 \, \text{mm}$$

例 6-3 若如图 6-13 所示截面形状为 T 字钢，材料仍然为铸铁，其具体尺寸如图 6-15 所示，其中 $y_1 = 139 \, \text{mm}$，$y_2 = 61 \, \text{mm}$，截面对中性轴的的惯性矩 $I_z = 40.3 \times 10^{-6} \, \text{m}^4$，已知铸铁的许用拉应力仍然为 $[\sigma_t] = 50 \, \text{MPa}$，许用压应力 $[\sigma_c] = 120 \, \text{MPa}$。试重新校核梁的强度。

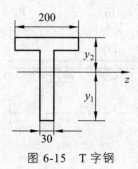

图 6-15 T 字钢

（1）同例 6-2，列平衡方程式求出支反力，并画出梁的弯矩图，同如图 6-14 所示，从图中可以看出，B、C 两点仍然为梁的危险截面。

（2）校核梁的强度。由于铸铁抗拉抗压性能不一样，且 T 形截面中性轴又不是对称轴，所以，应该对 B、C 两点截面上的拉压应力分别进行校核。

截面 B：B 点处的弯矩为负弯矩 $M_B = 5 \, \text{kN·m}$，故最大拉应力和压应力分别发生在上、下边缘，如图 6-16 所示。

$$\sigma_{t,\max} = \frac{M_B y_2}{I_z} = \frac{5 \times 10^3 \times 61 \times 10^{-3}}{40.3 \times 10^{-6}} = 7.57 \, (\text{MPa}) < [\sigma_t]$$

$$\sigma_{c,\max} = \frac{M_B y_1}{I_z} = \frac{5 \times 10^3 \times 139 \times 10^{-3}}{40.3 \times 10^{-6}} = 17.25 \, (\text{MPa}) < [\sigma_c]$$

截面 C：C 点处的弯矩为正弯矩 $M_C = 2.5 \, \text{kN·m}$，故最大的拉压应发生在下边缘处，因为 $[\sigma_t] < [\sigma_c]$，$y_1 > y_2$，由最大拉压应力强度校核公式可知，只要截面上最大拉应力满足强度条件，则最大压应力强度自然满足，所以无需校核 C 截面上最大压应力。

$$\sigma_{t,\max} = \frac{M_C y_1}{I_z} = \frac{2.5 \times 10^3 \times 139 \times 10^{-3}}{40.3 \times 10^{-6}} = 8.6\,(\text{MPa}) < [\sigma_t]$$

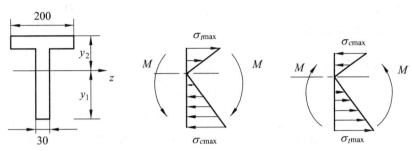

图 6-16　T 字钢截面最大拉应力与压应力

综上所述，梁满足强度要求。思考：若将 T 字截面钢翻转 180° 放置，梁上最大的拉压力是否满足强度要求？

6.3　梁的弯曲切应力及强度条件

等直梁受横力弯曲的情况下，梁上既有剪力 F_S，又有弯矩 M，这时梁的横截面上除了有正应力外，还有切应力。本节主要讨论梁在受横力弯曲作用下，与剪力 F_S 有关的切应力 τ 计算公式的推导与其强度条件。

1. 梁的切应力

横力弯曲梁横截面上切应力 τ 的分布情况与截面的形状有关，因此，对切应力 τ 的讨论要结合截面形状分别进行。

1）矩形截面梁的切应力

如图 6-17（a）所示矩形简支梁，设高为 h，宽为 b，在梁的纵向对称平面 xOy 内受任意横向荷载作用。此时，梁发生横力弯曲，横截面上的剪力 F_S 作用线与截面的对称轴 y 轴重合，如图 6-17（b）所示。在推导横截面上的切应力计算公式以前，需对矩形横截面上的切应力分布规律和切应力方向做以下假设：

（1）横截面上各点处切应力方向与该截面上剪力方向平行。

（2）横截面上的切应力沿横截面宽度均匀分布，距中性轴等距离处切应力相等。

理论分析表明，上述假设对于狭长矩形梁符合实际。对于一般高度大于宽度的矩形截面，按上述假设计算，结果也能满足工程要求。基于上述假设，可由静力学平衡方程推出弯曲切应力公式。

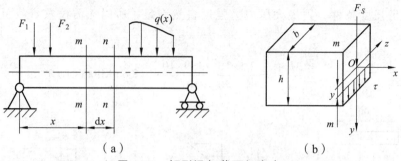

（a）

（b）

图 6-17　矩形梁与截面切应力

如图 6-17（a）所示矩形截面梁上，假想的用 m—m 和 n—n 截面截取长为 dx 的微段。如图 6-18（a）所示，因为梁为横力弯曲，所以两横截面上的弯矩不等，分别设为 $M, M+dM$，进而两截面同一 y 处的正应力也不等。现假想地从梁段上截出体积元素 mB_1 来进一步分析，如图 6-18（b）所示，在两端面 mA_1、nB_1 上两个法向内力 F_{N1}、F_{N2} 不等。要想 x 轴方向力平衡，在纵截面上必有沿 x 方向的切向内力 dF'_s，故在此面上就有切应力 τ。根据假设，横截面上距中性轴等远的各点处切应力大小相等，各点的切应力方向均与截面侧边平行，如图 6-18（c）所示。

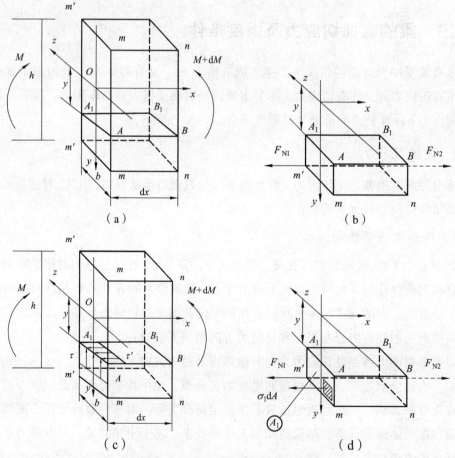

（a）

（b）

（c）

（d）

图 6-18　梁的横力弯曲与切应力

如图 6-18（d）所示分离体 mB_1，假设 $m—m$ 和 $n—n$ 两截面上距中性轴 y 处的正应力为 σ_1 和 σ_2，根据上述分析由平衡方程式可得

$$\sum F_x = 0, \; F_{N1} - F_{N2} - \mathrm{d}F'_S = 0 \qquad\qquad (6\text{-}11)$$

式中，

$$F_{N1} = \int_{A_1} \sigma_1 \mathrm{d}A = \int_{A1} \frac{My}{I_z} \mathrm{d}A = \frac{M}{I_z} \int_{A1} y \mathrm{d}A = \frac{M}{I_z} S_z^*$$

$$F_{N2} = \int_{A_1} \sigma_2 \mathrm{d}A = \frac{M + \mathrm{d}M}{I_z} S_z^*$$

$$\mathrm{d}F'_s = \tau b \mathrm{d}x$$

其中，A_1 为距中性轴为 y 的横线以外部分的横截面面积；$S_z^* = \int_{A1} y \mathrm{d}A$ 为面积 A_1 对中性轴的静矩。

化简式（6-11）后得

$$\tau = \frac{\mathrm{d}M}{\mathrm{d}x} \times \frac{S_z^*}{I_z b}$$

式中，$\dfrac{\mathrm{d}M}{\mathrm{d}x} = F_s$，再次化简得到梁弯曲切应力公式为

$$\tau = \frac{F_s S_z^*}{I_z b} \qquad\qquad (6\text{-}12)$$

式中，I_z 为整个横截面对中性轴的惯性矩；b 为矩形截面的宽度；S_z^* 为距中性轴为 y 的横线以外部分横截面面积对中性轴的静矩。

式（6-12）中，对于某一固定截面而言 F_s、I_z、b 都是常量，因此，横截面上的 τ 沿截面高度的变化规律，由静矩 S_z^* 与 y 之间的关系来确定，如图 6-19（a）所示。

$$S_z^* = \int_{A1} y_1 \mathrm{d}A = \int_y^{h/2} y_1 b \mathrm{d}y_1 = \frac{b}{2}\left(\frac{h^2}{4} - y^2\right)$$

$$\tau = \frac{F_s S_z^*}{I_z b} = \frac{F_s}{2I_z}\left(\frac{h^2}{4} - y^2\right)$$

从上述切应力公式可以看出，切应力沿截面高度按抛物线规律变化。

$y = \pm\dfrac{h}{2}$ 处，即在横截面上距中性轴最远处，切应力 $\tau = 0$；$y = 0$ 处，即在中性轴上各点处，切应力 τ 达到最大值，如图 6-19（b）所示。

$$\tau_{max} = \frac{F_s h^2}{8I_z} = \frac{F_s h^2}{8 \times bh^3/12} = \frac{3}{2} \times \frac{F_s}{bh}$$

$$\tau_{max} = \frac{3F_s}{2A} \tag{6-13}$$

式（6-13）为矩形截面梁横截面上的最大切应力公式，其中 $A = bh$。式子表明，横截面上的最大切应力为平均切应力的 1.5 倍。

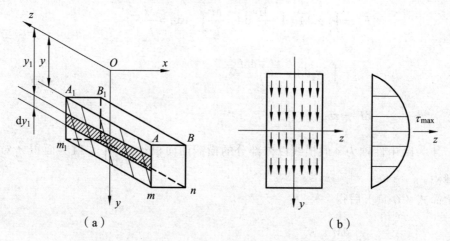

图 6-19　梁的截面切应力分析

2）工形截面梁的切应力

工形截面由三部分组成，即中间腹板、上翼缘与下翼缘。其中中间腹板为狭长矩形，切应力可按照矩形截面切应力公式计算。假设所求应力的点到中性轴的距离为 y，如图 6-20（a）所示。利用公式可直接求得该点处的切应力。

$$\tau = \frac{F_s S_z^*}{I_z d} \tag{6-14}$$

式中，d 为腹板的厚度，S_z^* 为距中性轴为 y 的横线以外部分的横截面面积 A 对中性轴的静矩，如图 6-20（b）所示。将各值代入上式得

$$\tau_{max} = \frac{F_s}{I_z b} \left[\frac{BH^2}{8} - (B-b)\frac{h^2}{8} \right]$$

从式中可以看出腹板上的切应力 τ 沿腹板高度 h 按二次抛物线规律变化；最大切应力 τ_{max} 也在中性轴上.这也是整个横截面上的最大切应力。其值简化为

$$\tau_{max} = \frac{F_s S_{z\,max}^*}{I_z d}$$

式中，$S_{z\,max}^*$ 为中性轴任一边的半个横截面面积对中性轴的静矩，如图 6-20（c）所示。对于轧制的工字钢截面，$\dfrac{I_z}{S_z}$ 的比值可从型钢规格表中查出，即为式中 $\dfrac{I_z}{S_{z\,max}^*}$ 的值。

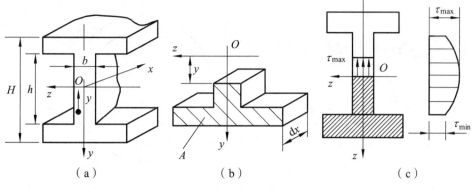

图 6-20　工形截面

工形截面中间腹板的切应力按式（6-14）进行计算，而翼缘上的切应力，由于分布情况较复杂，但其值却很小，所以工程中一般不加考虑。因此，工形截面的腹板上几乎承担了截面的全部剪力，并且最大的剪力值发生在腹板的中性轴上。

3）圆形截面梁的切应力

研究表明，圆形截面梁上的最大切应力也发生在中性轴上各点处，并沿中性轴均匀分布，方向与该截面上的剪力 F_s 方向一致，如图 6-21（a）所示。

由式（6-12）有

$$\tau_{max} = \frac{F_s S_{z\,max}^*}{I_z b}$$

设式中 $b = 2R$，$I_z = \dfrac{\pi D^4}{64}$，$S_{z\,max}^*$ 为半圆面积对中性轴的静矩，其值为

$$S_z^* = \frac{\pi R^2}{2} \cdot \frac{4R}{3\pi} = \frac{2}{3} R^3$$

代入得圆形截面上最大的切应力公式为

$$\tau_{max} = \frac{4}{3} \frac{F_s}{A} \qquad\qquad （6-15）$$

式中 $A = \pi R^2$，可见圆形截面的最大弯曲切应力是平均切应力的 1.33 倍。

4）环形截面梁的切应力

如图 6-21（b）所示一段薄壁环形截面梁，环壁厚度为 δ，环的平均半径为 r_0，由于 δ 远小于 r_0，故横截面上最大的切应力发生中性轴上，其值为

$$\tau_{max} = 2 \frac{F_s}{A} \qquad\qquad （6-16）$$

式中，$A = 2\pi r_0 \delta$ 为环形截面的面积，可见环形截面上的最大切应力为平均切应力的 2 倍。

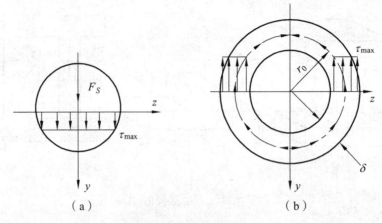

图 6-21　圆形截面切应力

2. 梁的切应力强度条件

横力弯曲下的等直梁，除了要满足正应力强度条件外，还要满足切应力强度条件要求。一般来说，梁上的最大切应力 τ_{max} 所在中性轴的各点处的正应力 σ 为零，故处于纯剪切应力状态。这时弯曲切应力强度条件为

$$\tau_{max} = \frac{F_{s,max} S_{z,max}^*}{I_z b} \leqslant [\tau] \tag{6-17}$$

对于等直梁，最大切应力发生在最大剪力所在的截面上，通常许用切应力 $[\tau]$ 取纯剪切时的许用切应力。

如前所述，影响梁强度的因素有两个：弯曲正应力和弯曲切应力。也就是说，在对梁的弯曲强度进行校核时，必须同时满足弯曲正应力和切应力强度条件。对于狭长形实心截面梁或非薄壁截面的梁来说，梁的强度主要取决于正应力，而切应力通常只占次要地位。按正应力强度条件选择截面或确定荷载以后，一般不再需要进行切应力强度校核。但以下几种特殊情况需要校核梁的切应力。

（1）梁的跨度较短，或在支座附近有较大的荷载作用，此时梁内的弯矩值较小而剪力却很大。

（2）木质梁。木料沿顺纹方向抗剪切强度较低，可能会沿中性层发生剪切破坏。

（3）铆接或焊接组合截面（工字型等）钢梁，若腹板的厚度较小而高度较大时，则切应力有可能很大。

例 6-4　矩形截面木梁受均布荷载作用，其横截面尺寸如图 6-22 所示，荷载集度 $q = 10$ kN/m ，已知木材的许用弯曲正应力 $[\sigma] = 40$ MPa ，顺纹许用切应力 $[\tau] = 4$ MPa 。试校核梁的强度。

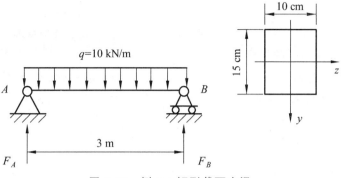

图 6-22　例 6-4 矩形截面木梁

解:（1）由静力平衡方程得支反力。

$$F_A = F_B = 15 \text{ kN}$$

（2）作梁的剪力图和弯矩图，如图 6-23 所示。

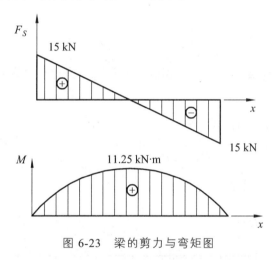

图 6-23　梁的剪力与弯矩图

由内力图可知，最大的剪力发生在两支座端，最大的弯矩发生在梁的中点，其值分别为

$$F_{s\max} = 15 \text{ kN}, \ M_{\max} = 11.25 \text{ kN·m}$$

（3）校核强度。

$$\sigma_{\max} = \frac{M_{\max}}{W_z} = \frac{6M_{\max}}{bh^2} = \frac{6 \times 11.25 \times 10^3}{0.1 \times 0.15^2} = 30 \text{ (MPa)} < [\sigma] = 40 \text{ (MPa)}$$

$$\tau_{\max} = \frac{3}{2} \frac{F_{S,\max}}{A} = \frac{3}{2} \times \frac{15 \times 10^3}{0.1 \times 0.15} = 1.5 \text{ (MPa)} < [\tau] = 4 \text{ (MPa)}$$

故正应力强度和切应力强度均满足。

例 6-4　简易吊车的示意图如图 6-24（a）所示，起重 $P = 35\,\text{kN}$，跨长 $l = 4\,\text{m}$。吊车大梁由 20a 号工字钢制成，许用弯曲正应力 $[\sigma] = 170\,\text{MPa}$，许用切应力 $[\tau] = 50\,\text{MPa}$。试校核梁的强度。

解：（1）内力分析。由于荷载 P 是移动的，须确定荷载的最不利位置。如图 6-24（b）所示，当荷载移到跨中时，其梁中的弯矩值最大，如图 6-25 所示。

$$M_{\max} = \frac{Fl}{4} = 35\,(\text{kN}\cdot\text{m})$$

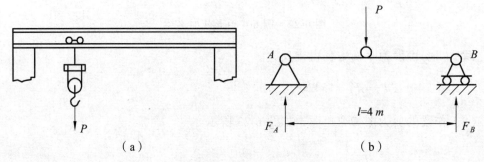

图 6-24　例 6-4 简易吊车

荷载移至紧靠支座 A 处时，梁的横截面上最大剪力比荷载在任何其他位置时都要大。此时的约束力 $F_A \approx P$。

$$F_{s,\max} = P = 35\,\text{kN}$$

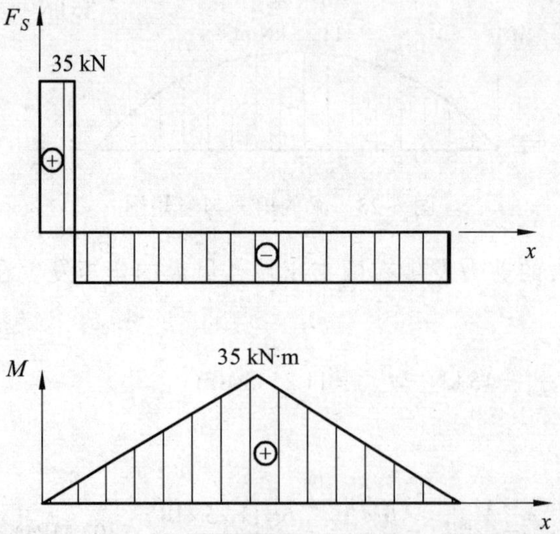

图 6-25　梁的剪力与弯矩分布

（2）校核正应力强度。查表得 20a 工字钢 $W_z = 237\,\text{cm}^3$，可求得最大正应力为

$$\sigma_{\max} = \frac{M_{\max}}{W_z} = \frac{35 \times 10^3}{237 \times 10^{-6}} = 147.7 \times 10^6\,(\text{Pa}) < [\sigma]$$

（3）校核切应力强度。查表得 20a 工字钢 $I_z / S_{z,ax}^* = 17.2 \text{ cm}, \ d = 7 \text{ cm}$，则最大切应力为

$$\tau_{\max} = \frac{F_{S,\max} S_{z,\max}^*}{I_z d} = \frac{35 \times 10^3}{17.2 \times 7 \times 10^{-5}} = 29.1 \, (\text{MPa}) < [\tau]$$

故正应力强度和切应力强度条件均满足。所以梁安全。

6.4　提高梁强度的措施

弯曲梁（横力弯曲）的强度由两部分决定：截面上弯矩引起的正应力和剪力引起的切应力，其中梁的强度主要由正应力强度条件决定，切应力只在几种特殊情况下进行校核。所以，要提高弯曲梁的强度，从正应力强度条件入手。

$$\sigma_{\max} = \frac{M_{\max}}{W_z} \leqslant [\sigma]$$

从上式可以看出，要提高梁的强度，就要让 $\sigma_{\max}$ 减小，足以满足 $[\sigma]$ 的值，所以采取以下两种措施：

① 降低梁的最大弯矩 $M_{\max}$。
② 增大抗弯截面系数 W_z。

1. 降低梁的最大弯矩 $M_{\max}$

1）合理地布置梁的荷载

如图 6-26（a）所示简支梁中间作用一集中力，从弯矩图上可以看出得到的最大弯矩值在梁的中间为 $Fl/4$，此时梁的中点为危险截面。若在梁的危险截面处加一辅助梁，如图 6-26（b）所示，此时梁危险点处的弯矩被分散在梁的中段（辅助梁处），其最大弯矩值为 $Fl/8$。可以看出，加了辅助梁以后，梁上的最大弯矩减小为原来的一半。

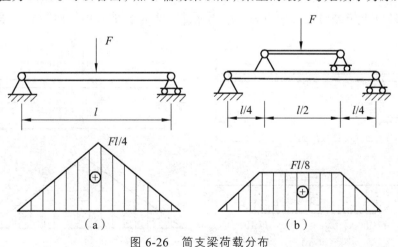

图 6-26　简支梁荷载分布

2）合理地设置支座位置

如图 6-27（a）所示，荷载集度 q 均匀作用在简支梁上，得到的最大弯矩值为 $ql^2/8$，其危险点在梁的中点。而将简支梁的两端支座往内移动 $0.2l$，如图 6-27（b）所示，得到的最大弯矩值为 $0.025ql^2$，为原来弯矩值的 $1/5$，故梁的强度提高为原来的 4 倍，这就是工程中起吊较长的构件，如大梁、钢材、楼板等，起吊点不在端点的原因。

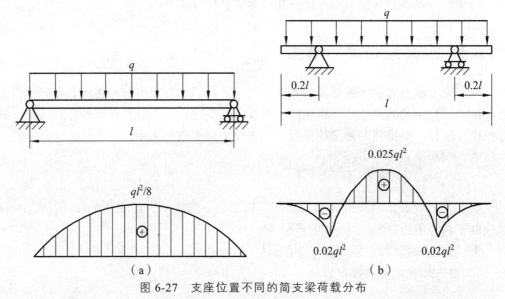

图 6-27 支座位置不同的简支梁荷载分布

火车的轮轴简化图如图 6-28（a）所示，采用外伸梁，并把力集中作用在梁的两端，可以从弯矩图中看出，梁的两支座中间弯矩值相等且达到最大值为 $Fl/10$。若把火车轮轴简化如图 6-28（b）所示，则梁的中点为危险截面，其最大弯矩为 $Fl/4$。若简化如图 6-28（c）所示均布荷载形式，梁的中点仍为危险截面，这时的最大弯矩为 $ql^2/8$。比较以上三种火车轮轴的简化图，并计算弯矩值可知，火车轮轴采用外伸梁时，梁上的弯矩值最小，且梁的两支座间为纯弯曲，此时这段梁只受弯矩不受剪力的作用，即只有正应力而没有切应力。综上所述，火车轮轴采用外伸梁最合适。

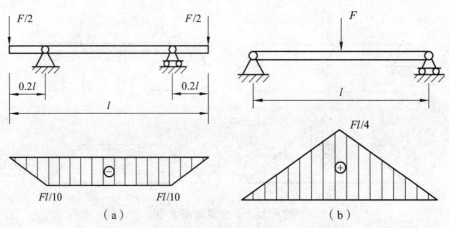

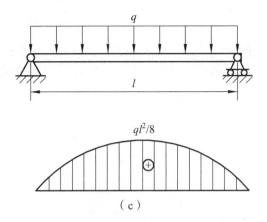

（c）

图 6-28　火车轮轴简化研究支座对荷载分布影响

2. 增大梁的抗弯截面系数 W_z

1）合理选择截面形状

在各个截面面积一定的情况下，合理选择截面形状是提高梁强度的一种方法，这就需要在面积相等的情况下，选择抗弯截面系数较大的截面。如图 6-29 所示各截面图形。

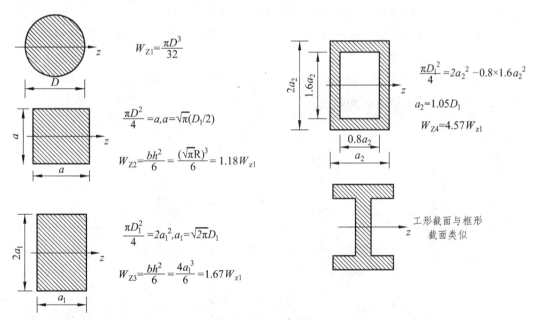

图 6-29　不同截面形状

从图中可知，不同截面形状，在面积相等的情况下，框形截面和工形截面具有类似的抗弯截面系数，且比其他截面形状的 W_z 都大。从提高强度方面去考虑，火车轨道宜选用框形截面和工形截面，但根据火车轮轴的形状及其他制造方面和承载方面的原因，宜选用工字钢。也就是说在工程实际情况下，要想选用合理的截面形状，还需要综合考虑梁的强度、刚度、稳定性以及其结构、工艺制造等方面来最终确定。

2）合理的放置

对同一种截面形状的梁，采用不同的放置方式，其抗弯截面系数也会不同。如图 6-30 所示矩形悬臂梁，从图中可以看出，立着放置比卧着放置的抗弯截面系数大。所以，这就是楼房大梁一般立着放置的原因。

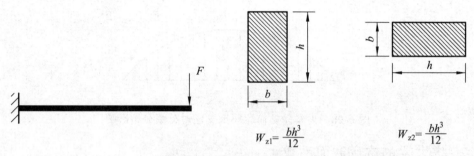

$$W_{z1} = \frac{bh^3}{12} \qquad W_{z2} = \frac{bh^3}{12}$$

图 6-30　矩形悬臂梁与截面

3. 根据材料特性选择截面形状

根据材料的力学性能，选择不同的截面形状来合理运用梁的强度，例如对于塑性材料制成的梁，选以中性轴为对称轴的横截面。因为塑性材料压缩性能好，拉伸时有屈服现象的塑性材料其破坏极限为屈服极限，对于对称截面，只要校核塑性材料的抗拉强度满足，抗压强度肯定满足。而对于脆性材料制成的梁，在设计其截面时，宜采用 T 形等对中性轴不对称的截面且将翼缘置于受拉侧。因为脆性材料抗压不抗拉，需要用其压缩性能去承载更多的强度，如图 6-31 所示。

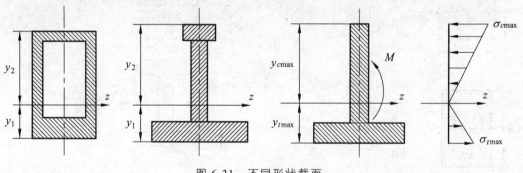

图 6-31　不同形状截面

对于脆性材料，通过调整非对称于中性轴的截面尺寸后，如果能使如图 6-31 所示 y_1 和 y_2 之比接近式（6-18）的关系，则最大拉应力 $\sigma_{t\max}$ 和最大压应力 $\sigma_{c\max}$ 可同时接近许用应力，式中 $[\sigma_t]$、$[\sigma_c]$ 分别表示许用拉应力和许用压应力。

$$\frac{\sigma_{t\max}}{\sigma_{c\max}} = \frac{M_{\max}y_1/I_z}{M_{\max}y_2/I_z} = \frac{y_1}{y_2} = \frac{[\sigma_t]}{[\sigma_c]} \tag{6-18}$$

4. 采用等强度梁

对等截面梁，根据强度校核式（6-10）可知，最大弯曲正应力 σ_{max} 发生在最大弯矩 M_{max} 所在截面上，即弯矩图上值最大处，也称为截面的危险点。只要危险点处满足强度条件 $\sigma_{max} \leqslant [\sigma]$，则梁上其他截面的正应力都不会超过许用应力值 $[\sigma]$，并留有余量，使材料的强度也得不到充分发挥。因此，从节约材料、减轻自重方面考虑，可根据梁的实际受力情况，合理地分配梁的截面，即受弯矩较小的梁段采用小截面，弯矩大的梁段采用大截面。这种截面尺寸随梁轴线变化的梁称为变截面梁，比如减速箱里用到的阶梯轴就是比较典型的例子。

当变截面梁上各横截面的最大弯曲正应力相等时，且均达到材料的许用应力，这种变截面梁是最理想的形式，被称为**等强度梁**。由弯曲强度校核公式可以得到等强度梁各截面的抗弯截面系数为

$$\sigma = \frac{M(x)}{W(x)} \leqslant [\sigma] , \quad W(x) = \frac{M(x)}{[\sigma]} \tag{6-19}$$

工程实际中，可以先固定梁的一个尺寸，再根据上式得到各截面的抗弯截面系数 $W(x)$ 确定梁的另外一个尺寸。例如，宽度 b 保持不变而高度可变化的矩形截面简支梁，如图 6-32 所示，若设计成等强度梁，则其高度随截面位置的变化规律 $h(x)$，可按正应力强度条件求得。

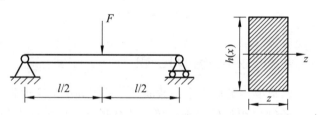

图 6-32　高度可变矩形截面简支梁

梁任一横截面上最大正应力为

$$\sigma_{max} = \frac{M(x)}{W(x)} = \frac{(F/2)x}{(1/6)bh^2(x)} \leqslant [\sigma]$$

求得 $h = h(x)$ 沿梁的轴线变化规律为

$$h(x) = \sqrt{\frac{3Fx}{b[\sigma]}}$$

由上式可知，当 $x=0$ 时，$h(x)=0$，显然两端的高度不能为 0。所以，靠近支座处，应按切应力强度条件确定截面的最小高度 h_{min}。

$$\tau_{max} = \frac{3}{2}\frac{F_S}{A} = \frac{3}{2}\frac{F/2}{bh_{min}} = [\tau]$$

求得

$$h_{min} = \frac{3F}{4b[\tau]}$$

按上式确定的梁的外形，就是厂房建筑中常用的鱼腹梁，如图 6-33（a）所示。等强度梁虽然有减轻自重、节约材料的优点，但其结构复杂，加工制造难度大。因此，在实际生活中，结合具体情况，将汽车底座板弹簧简化成图 6-33（b）形式来加工。同样，阳台的挑梁也可采用等强度梁，如图 6-33（c）所示。

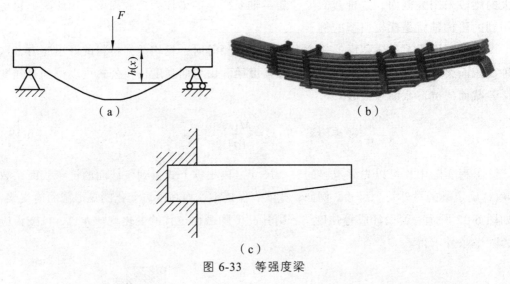

图 6-33　等强度梁

习　题

（1）为什么火车轨道要用类似工字钢截面？（从提高梁的弯曲强度方面去叙述）

（2）为什么火车轮轴要用外伸梁来支撑？（从提高强度方面去叙述）

（3）① 请画出如图 6-34（a）所示中性轴不是对称轴的 T 形截面的正应力分布图。

② 请画出如图 6-34（b）所示圆形截面在受扭时，距圆心距离为 ρ 的 A 点处切应力 τ 的方向，以及最大的切应力 τ_{max} 所在的任一位置。

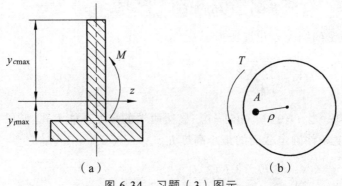

图 6-34　习题（3）图示

（4）一段外伸梁其受力情况如图 6-35 所示，已知钢材的许用应力 $[\sigma]=170\,\text{MPa}$，若梁的截面为圆形钢截面，试计算梁的直径 d；若梁的截面为工字钢截面，请选择工字钢的型号。

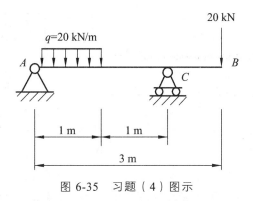

图 6-35 习题（4）图示

（5）悬臂梁如图 6-36 所示，试求截面 m—m、n—n 上指定点 A、B、C、D 的正应力。

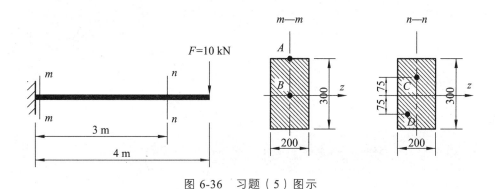

图 6-36 习题（5）图示

（6）外伸铸铁梁的受力情况及截面形状尺寸如图 6-37 所示，已知许用拉应力为 $[\sigma_t]=40\,\text{MPa}$，许用压应力为 $[\sigma_c]=150\,\text{MPa}$，其中 $y_1=138\,\text{mm}$，$y_2=62\,\text{mm}$，截面对中性轴的惯性矩 $I_z=40.3\times10^{-6}\,\text{m}^4$，试按正应力强度条件校核梁的强度。若梁上的荷载不变，但将 T 形截面倒置，即成为 ⊥ 形，是否合理，为什么？

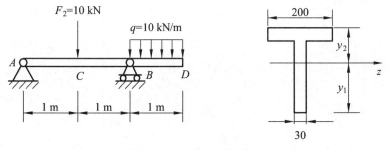

图 6-37 习题（6）图示

（7）由三根木条胶合而成的悬臂梁受力及截面尺寸如图 6-38 所示，若胶合面上的许用切应力 $[\tau_1] = 0.3$ MPa，木材的许用弯曲正应力 $[\sigma] = 12$ MPa，许用切应力 $[\tau] = 1$ MPa，试求许可荷载 F。

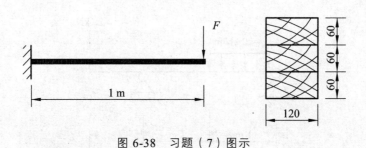

图 6-38　习题（7）图示

第7章　弯曲变形

7.1　梁的挠度与转角

第6章弯曲应力讲述了要保证梁能正常工作，必须满足强度要求。而在工程实际中，对于某些受弯曲的梁除了要满足强度要求以外，还必须满足刚度要求。如图7-1（a）所示机床主轴，若在工作的过程中，轴的弯曲变形过大，不仅会影响减速器齿轮间的正常啮合，而且还会加重轴与轴承之间的磨损，进而使机床产生噪声，影响其加工精度，甚至会使加工的零件报废。如图7-1（b）所示轧钢机，若轧辊过分弯曲变形，则会影响产品的质量。楼房的横梁若变形过大，会出现裂缝，导致抹灰层脱落。因此，在设计主轴时，不仅要对其强度进行校核，其刚度条件也要满足要求。但工程中的某些情况下，却需要利用弯曲变形来满足工作要求。如板弹簧应有较大的弯曲变形才能起到更好的缓冲作用。

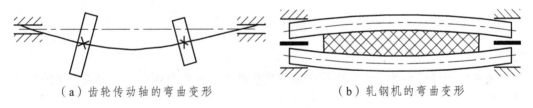

（a）齿轮传动轴的弯曲变形　　　　（b）轧钢机的弯曲变形

图7-1　梁的弯曲变形示例

研究梁的弯曲变形目的有两个：一是解决梁的刚度校核问题，二是为求解超静定问题。本章主要讨论梁在平面弯曲变形时的计算。以梁变形前的轴线为 x 轴，以梁的左端 A 点为坐标原点，横截面的铅垂对称轴为 y 轴，如图7-2所示。在荷载 F 的作用下梁的轴线由原来的直线变成曲线，梁变形后的轴线称为**挠曲线**，挠曲线是梁变形后各截面形心的连线。挠曲线的曲率可以度量梁弯曲变形后的程度，但其曲率不直观且不好测量，所以，一般采用挠度和转角（ θ ）两个基本量来度量梁变形后横截面的位移。

任取一截面其形心为 A ，在荷载 F 的作用下，由 A 垂直与 x 轴移到 A' ，这种横截面形心 A （即轴线上的点）在垂直于 x 轴方向的线位移，称为该截面的**挠度**（ ω ）。而横截面对其原来位置的角位移（横截面绕中性轴的转动），称为该截面的**转角**（ θ ）。挠度和转角方向规定：挠度向下为正，向上为负；转角绕截面中性轴顺时针转为正，逆时针转为负。

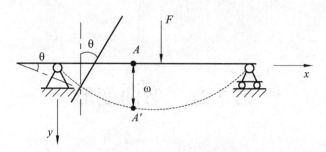

图 7-2　梁弯曲变形分析

从图 7-2 中可以看出梁的变形是连续的，每个横截面只有一个挠度，且梁的挠度和转角随截面位置的改变而不同，用坐标 x 的连续函数来表示其变化规律，即

$$\omega = \omega(x) \tag{7-1}$$

$$\theta = \theta(x) \tag{7-2}$$

式（7-1）和式（7-2）分别为梁的挠曲线方程和转角方程。

梁变形后若平面假设成立，任意截面的转角 θ 是该点处的法线与 y 轴的夹角，根据几何关系可知转角 θ 也是挠曲线上点的切线与 x 的夹角，即

$$\tan\theta = \frac{d\omega(x)}{d(x)} = \omega'$$

因为梁的变形很小，则 $\tan\theta \approx \theta$，则根据上式可以得

$$\theta = \omega' \tag{7-3}$$

挠曲线上任一点的切线斜率等于该点处横截面的转角，因此，只要找到梁的挠曲线方程，就可以求出梁的挠度 ω 和转角 θ。

7.2　挠曲线的近似微分方程

第 6 章在建立梁的弯曲正应力公式时，已导出在纯弯曲时挠曲线的曲率公式：

$$\frac{1}{\rho} = \frac{M}{EI_z} \tag{7-4}$$

在横力弯曲时，剪力和弯矩都对梁的弯曲变形有影响，在工程实际中常用的梁，其跨度远大于横截面的高度，可以忽略剪力对梁变形的影响，因此式（7-4）仍适用于横力弯曲。在横力弯曲的情况下，式中 ρ、M 都随截面位置 x 的变化而变化，所以将式（7-4）改写为

$$\frac{1}{\rho(x)} = \frac{M(x)}{EI} \tag{7-5}$$

结合高等数学及几何关系可知，曲线 $\omega = \omega(x)$ 上的任一点的曲率公式为

$$\frac{1}{\rho(x)} = \pm \frac{\dfrac{\mathrm{d}^2\omega}{\mathrm{d}x^2}}{\left[1+\left(\dfrac{\mathrm{d}\omega}{\mathrm{d}x}\right)^2\right]^{\frac{3}{2}}} \tag{7-6}$$

结合式（7-5）和式（7-6）得

$$\pm \frac{\dfrac{\mathrm{d}^2\omega}{\mathrm{d}x^2}}{\left[1+\left(\dfrac{\mathrm{d}\omega}{\mathrm{d}x}\right)^2\right]^{\frac{3}{2}}} = \frac{M(x)}{EI} \tag{7-7}$$

式（7-7）为挠曲线的微分方程，是一个较复杂的二阶非线性常微分方程，不太方便用来做实际运算。但工程中梁的变形一般很小，且转角 $\dfrac{\mathrm{d}\omega}{\mathrm{d}x}$ 是一个很小的量，一般不超过 1°，故二阶微量 $\left(\dfrac{\mathrm{d}\omega}{\mathrm{d}x}\right)^2$ 很小，可忽略不计，则上式可简化为

$$\pm \frac{\mathrm{d}^2\omega}{\mathrm{d}x^2} = \frac{M(x)}{EI} \tag{7-8}$$

式（7-8）的正负号规定与所取的坐标有关，结合第 5 章弯矩符号的规定及从图 7-3 中可知，弯矩 M 与二阶微量 $\left(\dfrac{\mathrm{d}\omega}{\mathrm{d}x}\right)^2$ 的符号总是相反，所以式（7-8）中应取负号，即

$$-\frac{\mathrm{d}^2\omega}{\mathrm{d}x^2} = \frac{M(x)}{EI} \tag{7-9}$$

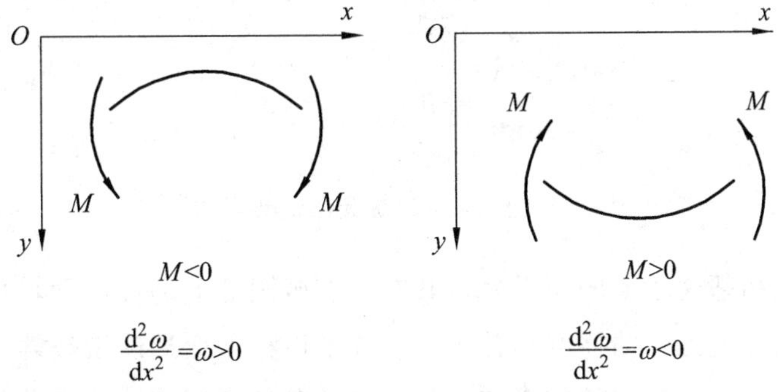

图 7-3　弯曲变形的方向与符号规定示意图

式（7-9）为挠曲线近似微分方程。所谓的近似是因为在推导公式的过程中，略去了剪力及二阶微量 $\left(\dfrac{\mathrm{d}\omega}{\mathrm{d}x}\right)^2$ 的影响，且假设 $\tan\theta \approx \theta$。所以挠曲线近似微分方程仅适用于线弹性范围内的小变形平面弯曲问题。

7.3 用积分法计算梁的位移

1. 微分方程的积分

计算梁的位移时，可对式（7-9）进行连续两次积分，并利用约束条件确定积分常数后，即可计算出梁的转角和挠曲线方程，此法称为**积分法**。

对于等直梁，其抗弯刚度 EI 为常量，则式（7-9）可改为

$$EI\omega'' = -M(x) \tag{7-10}$$

对上式进行积分得转角方程：

$$EI\omega' = -\int M(x)\mathrm{d}x + C \tag{7-11}$$

再积分得挠度方程：

$$EI\omega = -\int\left[\int M(x)\mathrm{d}x\right]\mathrm{d}x + Cx + D \tag{7-12}$$

式中，C、D 为积分常数，其值可根据梁的已知变形条件确定。

2. 积分常数的确定

确定积分常数时，有两种情况。一种是如图 7-4（a）所示简支梁中，A、B 两铰链支座处的挠度为 0。如图 7-4（b）所示悬臂梁中，固定端处的挠度和转角都为 0。这种条件称为**边界条件**。

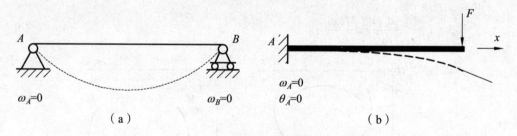

图 7-4 弯曲变形边界条件

另一种是相邻两段梁的交界处，其左、右极限截面的挠度和转角相等。即在挠曲线的任一点上，有唯一的挠度和转角，这种条件称为**变形连续条件**。如图 7-5（a）所示简支梁上作用一外荷载就符合变形的连续性条件，用积分法求梁的位移时，其边界条件是 $x=0$：$\omega=0$；$x=l$：$\omega=0$，连续性条件为 $x=a$：$\omega_{C左}=\omega_{C右}$，$\theta_{C左}=\theta_{C右}$。不能出现如图 7-5（b）、图 7-5（c）所示的不连续和不光滑的情况。

外力将梁分为若干段时，相应梁的挠度微分方程应与弯矩方程一样分段列出，积分也应该分段进行。

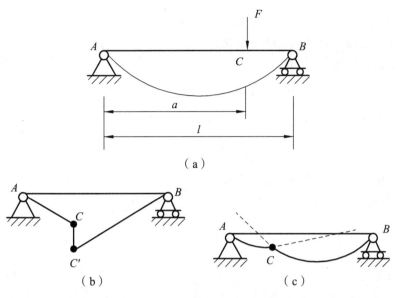

（a）

（b）   （c）

图 7-5   简支梁的边界条件

例 7-1   如图 7-6（a）所示为镗刀在工件上镗孔的示意图，为保证镗孔精度，镗刀杆的弯曲变形不能过大，设刀杆的抗弯刚度为 EI，径向切削力为 F，刀杆长度为 l。试求镗刀杆的挠曲线方程和转角方程，并确定安装镗刀头截面的最大挠度 ω_{max} 和转角 θ_{max}。

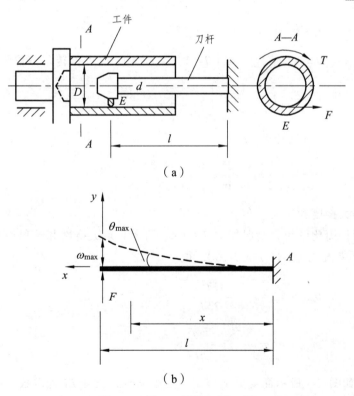

（a）

（b）

图 7-6   例 7-1 镗孔与镗刀杆

解：（1）镗刀杆的简化示意图如图 7.6（b）所示。

取点 A 为坐标原点建立 xAy 坐标系。

（2）弯矩方程为

$$M(x) = -F(l-x) \ (0 < x \leqslant l)$$

挠曲线的近似微分方程为

$$EI\omega'' = -M(x) = Fl - Fx$$

（3）对挠曲线近似微分方程进行积分。

一次积分：

$$EI\theta = EI\omega' = Flx - \frac{1}{2}Fx^2 + C \qquad （7-13）$$

二次积分：

$$EI\omega = \frac{1}{2}Flx^2 - \frac{F}{6}x^3 + Cx + D \qquad （7-14）$$

（4）根据边界条件，确定积分常数。

根据梁的边界条件，当 $x=0$ 时，$\theta = \omega' = 0$；当 $x=0$ 时，$\omega = 0$。代入式（7-13）、（7-14），可得

$$C = 0, D = 0$$

再将求出的 $C=0, D=0$ 的值代入式（7-13）、（7-14），即可得转角方程为

$$\theta = \frac{1}{EI}\left[Flx - \frac{1}{2}Fx^2 \right] \qquad （7-15）$$

挠曲线方程为

$$\omega = \frac{1}{EI}\left[\frac{1}{2}Fx^2 - \frac{F}{6}x^3 \right] \qquad （7-16）$$

（4）求最大挠度和最大转角。

根据镗刀杆简化图受力情况如图 7-6（b）所示，最大挠度和转角均在自由伸出端 B 处。将 $x=l$ 带入式（7-15）、（7-16），得

$$\theta_{max} = \theta_B = \theta \big|_{x=l} = \frac{Fl^2}{2EI}$$

$$\omega_{max} = \omega_B = \omega \big|_{x=l} = -\frac{Fl^3}{3EI}$$

例 7-2　如图 7-7 所示简支梁上作用一集中荷载，已知 EI 为常数。试求此梁挠度方程和转角方程，并确定其最大挠度 ω_{max} 和最大转角 θ_{max}。

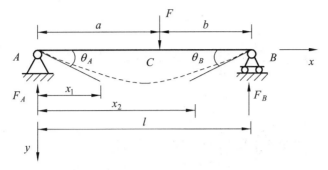

图 7-7 例 7-2 简支梁

解:（1）列弯矩方程。

根据平衡方程可求出约束力：

$$F_A = \frac{Fb}{l}, \quad F_B = \frac{Fa}{l}$$

集中力 F 将梁分为两段，且每段的弯矩不同，故分段列出弯矩方程。

AC 段：

$$M_1(x) = \frac{Fb}{l} x_1, \ (0 \leqslant x_1 \leqslant a)$$

CB 段：

$$M_2(x) = \frac{Fb}{l} x_2 - F(x_2 - a), \ (a \leqslant x \leqslant l)$$

（2）建立挠曲线近似微分方程并积分。

AC 段：

近似微分方程为

$$EI\omega_1'' = M_1(x) = \frac{Fb}{l} x_1$$

转角方程为

$$EI\omega_1' = \frac{Fb}{2l} x_1^2 + C_1 \qquad\qquad (7\text{-}17)$$

挠度方程为

$$EI\omega_1 = \frac{Fb}{6l} x_1^3 + C_1 x_1 + D_1 \qquad\qquad (7\text{-}18)$$

CB 段：

近似微分方程为

$$EI\omega_2'' = M_2(x) = \frac{Fb}{l} x_2 - F(x_2 - a)$$

转角方程为

$$EI\omega_2' = \frac{Fb}{2l}x_2^2 - \frac{F}{2}(x_2 - a)^2 + C_2 \qquad （7-19）$$

挠度方程为

$$EI\omega_2 = \frac{Fb}{6l}x_2^3 - \frac{F}{6}(x_2 - a)^3 + C_2x_2 + D_2 \qquad （7-20）$$

（3）确定积分常数。

根据简支梁的边界条件，当 $x = 0$ 时，$\omega_1 = 0$；当 $x = l$ 时，$\omega_2 = 0$。

根据挠曲线的连续光滑条件可知，在集中荷载作用的 C 点，左右段应有相等的挠度和相同的转角。因此，当 $x_1 = x_2 = a$ 时，$\theta_1 = \theta_2$，$\omega_1 = \omega_2$。代入式（7-17）~（7-20）得

$$D_1 = D_2 = 0$$

$$C_1 = C_2 = -\frac{Fb}{6l}(l^2 - b^2)$$

（4）确定转角方程和挠度方程。

AC 段：

转角方程为

$$\theta_1 = \omega_1' = \frac{Fb}{6EI}(l^2 - b^2 - 3x_1^2) \qquad （7-21）$$

挠度方程为

$$\omega_1 = \frac{Fbx}{6lEI}(l^2 - b^2 - x_1^2) \qquad （7-22）$$

CB 段：

转角方程为

$$\theta_2 = \omega_2' = \frac{Fa}{6lEI}(2l^2 + a^2 + 3x_2^2 - 6lx_2) \qquad （7-23）$$

挠度方程为

$$\omega_2 = \frac{Fa(l - x_2)}{6lEI}(2lx_2 - a^2 - x_2^2) \qquad （7-24）$$

（5）最大挠度 $\omega_{\max}$ 和最大转角 $\theta_{\max}$。

确定最大转角 $\theta_{\max}$：将 $x_1 = 0$ 和 $x_2 = l$ 分别代入转角方程（7-21）、（7-22），得左右两支座处截面的转角为

$$\theta_A = \theta_1 \big|_{x_1=0} = -\frac{Fab(l+b)}{6EIl}$$

$$\theta_B = \theta_2 \big|_{x_2=l} = \frac{Fab(l+a)}{6EIl}$$

当 $a > b$ 时，右支座处截面的转角绝对值为最大，即

$$\theta_B = \theta_{max} = \frac{Fab(l+a)}{6EIl}$$

确定最大转角 ω_{max}：简支梁的最大挠度应在 $\omega' = \theta = 0$ 处，因为 $a > b$，则 $\theta = 0$ 处的最大挠度位置在 AC 段内。令

$$\omega' = \theta_1 = 0$$

解得

$$x_1 = \sqrt{\frac{l^2 - b^2}{3}} \qquad\qquad (7\text{-}25)$$

将式（7-25）代入式（7-22），得最大的挠度 ω_{max}：

$$\omega_{max} = -\frac{Fb\sqrt{(l^2 - b^2)^3}}{9\sqrt{3}EIl} \approx 0.064\,2\,\frac{Pbl^2}{EI}$$

当集中荷载 F 作用在梁的中点处时，挠度为

$$\omega = \frac{Fb}{48EI}(3l^2 - 4b^2) \approx 0.062\,5\,\frac{Fbl^2}{EI}$$

$$\omega_{max} = -\frac{Fb\sqrt{(l^2 - b^2)^3}}{9\sqrt{3}EIl} \approx 0.064\,2\,\frac{Pbl^2}{EI}$$

由此可见，对于简支梁，不论它受什么荷载作用，只要挠曲线上无拐点，为了计算方便，可不考虑集中荷载 F 的位置，均认为最大挠度发生在梁的中点，其精确度是能满足工程要求的。

7.4 用叠加法计算梁的位移

用积分法计算梁的位移，可以求得转角和挠度方程，但只求梁上某个截面的转角和挠度时，用积分法就显得比较麻烦。因此本节讨论用叠加法来求解梁的位移。当梁的变形微小，且梁在线弹性范围内工作时，梁上同时作用多个荷载（可以是集中力、集中力偶或分布荷载），则梁上任一截面处引起的挠度和转角分别等于每一荷载单独作用下该截面的挠度和转角的叠加。这就是计算弯曲位移的**叠加原理**。即

$$\omega = \sum_{i=1}^{n} \omega_i, \quad \theta = \sum_{i=1}^{n} \theta_i \qquad\qquad (7\text{-}13)$$

叠加法计算位移的条件:

(1)梁在荷载作用下产生的变形是微小的。

(2)材料在线弹性范围内工作,梁的位移与荷载呈线性关系。

(3)梁上的每个荷载引起的位移,不受其他荷载的影响。

如表 7-1 所示为简单荷载作用下梁的转角和挠度方程。当遇到几种不同荷载同时作用在梁上的复杂情况时,可以结合叠加原理,查此表计算出梁的最大挠度和转角。

表 7-1　简单荷载作用下梁的转角和挠度

序号	梁的简图	挠曲线方程	挠度和转角
1		$\omega = \dfrac{Fx^2}{6EI}(3l-x)$	$\omega_B = \dfrac{Fl^3}{3EI}$ $\theta_B = \dfrac{Fl^2}{2EI}$
2		$\omega = \dfrac{Fx^2}{6EI}(3a-x)$ $(0 \leqslant x \leqslant a)$ $\omega = \dfrac{Fa^2}{6EI}(3x-a)$ $(a \leqslant x \leqslant l)$	$\omega_B = \dfrac{Fa^2}{6EI}(3l-a)$ $\theta_B = \dfrac{Fa^2}{2EI}$
3		$\omega = \dfrac{qx^2}{24EI}$ $(-4lx+6l^2+x^2)$	$\omega_B = \dfrac{ql^4}{8EI}$ $\theta_B = \dfrac{ql^3}{6EI}$
4		$\omega = \dfrac{M_e x^2}{2EI}$	$\omega_B = \dfrac{M_e l^2}{2EI}$ $\theta_B = \dfrac{M_e l}{EI}$
5		$\omega = \dfrac{M_e x^2}{2EI}$ $(0 \leqslant x \leqslant a)$ $\omega = \dfrac{M_e a}{EI}\left(\dfrac{a}{2}-x\right)$ $(a \leqslant x \leqslant l)$	$\omega_B = \dfrac{M_e a}{EI}\left(l-\dfrac{a}{2}\right)$ $\theta_B = \dfrac{M_e a}{EI}$

序号	梁的简图	挠曲线方程	挠度和转角
6		$\omega = \dfrac{Fx}{12EI}\left(\dfrac{3l^2}{4} - x^2\right)$ $\left(0 \leqslant x \leqslant \dfrac{l}{2}\right)$	$\omega_C = \dfrac{Fl^3}{48EI}$ $\theta_A = -\theta_B = \dfrac{Fl^2}{16EI}$
7		$\omega = \dfrac{Fbx}{6lEI}$ $(l^2 - x^2 - b^2)$ $(0 \leqslant x \leqslant a)$ $\omega = \dfrac{-Fa(l-x)}{6lEI}$ $(x^2 + a^2 - 2lx)$ $(a \leqslant x \leqslant l)$	$\omega_1 = \dfrac{Fb(3l^2 - 4b^2)}{48EI}$ $\theta_A = \dfrac{Fab(l+b)}{6EIl}$ $\theta_B = -\dfrac{Fab(l+a)}{6EIl}$ （当 $a \geqslant b$ 时）
8		$\omega = \dfrac{qx}{24EI}$ $(l^3 - 2lx^2 + x^3)$	$\omega_1 = \dfrac{5ql^4}{384EI}$ $\theta_A = -\theta_B = \dfrac{ql^3}{24EI}$
9		$\omega = \dfrac{M_A x}{6EIl}$ $(l-x)(2l-x)$	$\omega_C = \dfrac{M_A l^2}{16EI} \quad \theta_A = \dfrac{M_A l}{3EI}$ $\theta_B = -\dfrac{M_A l}{6EI}$
10		$\omega = \dfrac{M_B x}{6EIl}(l^2 - x^2)$	$\omega_C = \dfrac{M_B l^2}{16EI} \quad \theta_A = \dfrac{M_B l}{6EI}$ $\theta_B = -\dfrac{M_B l}{3EI}$
11		$\omega = \dfrac{M_e x}{6EIl}$ $(l^2 - 3b^2 - x^2)$ $(a \leqslant x \leqslant a)$ $\omega = \dfrac{M_e(l-x)}{6lEI}$ $(3a^2 - 2lx + x^2)$ $(a \leqslant x \leqslant l)$	$\theta_A = \dfrac{M_e l}{6EIl}(l^2 - 3b^2)$ $\theta_B = \dfrac{M_e}{6EIl}(l^2 - 3a^2)$ 当 $a = b = l/2$ 时 $\omega_C = 0$

例 7-3 如图 7-8 所示悬臂梁 AB ，其弯曲刚度 EI 为常数，试求自由端的挠度 ω_B 及转角 θ_B。

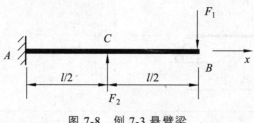

图 7-8 例 7-3 悬臂梁

解：可将梁的荷载分解，如图 7-9 所示。

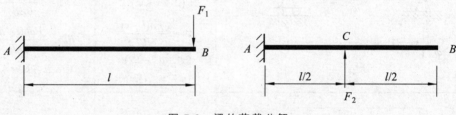

图 7-9 梁的荷载分解

查表 7-1 得

$$\omega_{BF_1}=\frac{F_1l^3}{3EI},\quad \theta_{BF_1}=\frac{F_1l^2}{2EI},\qquad \omega_{BF_2}=-\frac{5F_2l^3}{48EI},\quad \theta_{BF_2}=-\frac{F_2l^2}{8EI}$$

用叠加法可求得自由端的挠度和转角分别为

$$\omega_B=\omega_{BF_1}+\omega_{BF_2}=\frac{F_1l^3}{3EI}-\frac{5F_2l^3}{48EI}$$

$$\theta_B=\theta_{BF_1}+\theta_{BF_2}=\frac{F_1l^2}{2EI}-\frac{F_2l^2}{8EI}$$

例 7-4 如图 7-10 所示简支梁 AB ，其弯曲刚度 EI 为常数，按叠加原理求 A 点转角 θ_A 和 C 点挠度 ω_C。

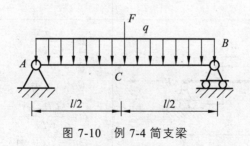

图 7-10 例 7-4 简支梁

解：可将梁的荷载分解，如图 7-11 所示。

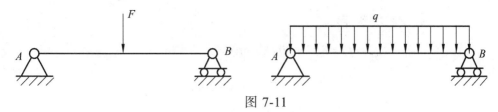

图 7-11

查表 7-1 得

$$(\theta_A)_F = \frac{Fl^2}{16EI}, \quad (\theta_A)_q = \frac{ql^3}{24EI}$$

$$(\omega_C)_F = \frac{Fl^3}{48EI}, \quad (\omega_A)_F = \frac{5ql^4}{384EI}$$

用叠加法可求得 A 点转角 θ_A 和 C 点挠度 ω_C 分别为

$$\theta_A = (\theta_A)_F + (\theta_A)_q = \frac{Fl^2}{16EI} + \frac{ql^3}{24EI} = \frac{l^2}{8EI}\left(\frac{F}{2} + \frac{ql}{3}\right)$$

$$\omega_C = (\omega_C)_F + (\omega_C)_q = \frac{Fl^3}{48EI} + \frac{5ql^4}{384EI} = \frac{l^3}{48EI}\left(F + \frac{5ql}{8}\right)$$

7.5 梁的刚度条件及提高梁的刚度措施

1. 梁的刚度条件

在机械工程中，一般是对转角和挠度都进行校核，如前所述的机床主轴，若产生的弯曲位移太大，会影响工件的加工精度和加大支承处轴承的磨损。在建筑工程中，车辆通过挠度较大的桥梁时，会产生很大的振动，所以大多只校核挠度。梁的刚度条件，是检查梁在荷载作用下产生的位移是否超过容许值，梁的刚度条件为

$$\omega_{max} \leqslant [\omega], \quad \theta_{max} \leqslant [\theta] \tag{7-14}$$

式中，$[\omega]$、$[\theta]$ 为梁的许可挠度和许可转角。对不同的工作环境，其取值范围不同。

例 7-5　如图 7-12 所示一段矩形悬臂梁 AB，设 $F = 8\,kN$，$E = 150\,GPa$，$[\sigma] = 16\,MPa$，$[\omega] = \dfrac{l}{500}$。试校核梁的强度和刚度，若不满足要求，请重新设计截面。

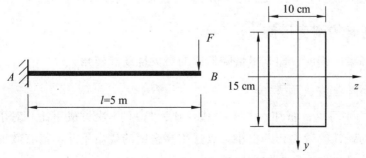

图 7-12　例 7-5 悬臂梁

解：（1）强度校核条件：

$$M_{max} = Fl = 8 \times 5 = 40 \ (\text{kN} \cdot \text{m})$$

$$W_z = \frac{bh^2}{6} = \frac{10 \times 15^2 \times 10^{-6}}{6} = 0.375 \ (\text{m}^3)$$

由强度条件得

$$\sigma = \frac{M_{max}}{W_z} = \frac{40 \times 10^3}{0.375} = 0.1 \ (\text{MPa}) \leqslant 16 \ (\text{MPa})$$

（2）刚度校核条件。

从图中可知，最大的挠度发生在 B 端，则

$$I_z = \frac{bh^3}{12} = \frac{10 \times 15^3 \times 10^{-8}}{12} = 2.8 \times 10^{-5} \ (\text{m}^4)$$

$$\omega_{max} = \omega_B = \frac{Fl^3}{3EI_z} = \frac{8 \times 10^3 \times 5^3}{3 \times 150 \times 10^9 \times 2.8 \times 10^{-5}} = 0.079 \ (\text{m})$$

因为

$$\frac{\omega}{l} = \frac{0.079}{5} = 0.016 > \left[\frac{\omega}{l}\right] = \frac{1}{500}$$

因此，不满足刚度条件。

（3）用刚度条件重新设计梁的截面。

由

$$\frac{\omega}{l} = \frac{Fl^2}{3EI_z} \leqslant \left[\frac{\omega}{l}\right] = \frac{1}{500}$$

得

$$I_z \geqslant \frac{Fl^2 \times 500}{3E} = \frac{8 \times 10^3 \times 5^2 \times 500}{3 \times 150 \times 10^9} = 22\ 222 \ (\text{cm}^4)$$

因此选择矩形截面为 $I_z = 22\ 222 \ \text{cm}^4$ 同时满足强度和刚度条件。

2. 提高梁的刚度措施

所谓提高梁的刚度，即是尽量降低梁的最大挠度和转角。

1）选择合理的截面形状

从表 7-1 中可见，ω 和 θ 均与 EI 成反比，与 l 的 n 次方成正比。对于钢梁来说，因各种钢材的弹性模量 E 相差很小。故选用高强度的优质钢并不能有效地提高梁的弯曲刚度，而应设法增大截面的惯性矩 I。

如图 7-13 所示，将截面面积布置在距中性轴较远处，可在面积不变的情况下获得较大的 I_z，这样不但能降低应力，还能减小位移。如采用框形截面或工形截面都比矩形截面的 I_z 大，所以从梁的刚度方面考虑，在承受相同外力的作用下，采用矩形截面其承载能力较差。因此，宜采用惯性矩较大的工形、槽形、框形等截面形状，不仅可以提高梁的强度，也能提高梁的刚度。

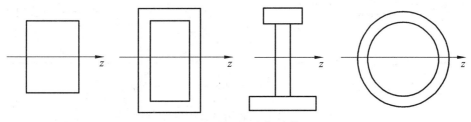

图 7-13 等面积的各种截面

2）改善结构设计

（1）改变支座形式。

梁的挠度 ω 与跨长 l 的三次方成正比，若跨长减小一半，则挠度减小为原来的 1/8。由此可知，减小梁的跨度，是提高梁刚度的有效措施之一。如图 7-14 所示，将简支梁改成外伸梁，不仅可以提高梁的强度，也可以减小梁的跨度，进而提高梁的刚度。

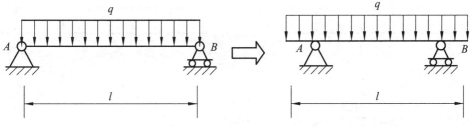

图 7-14 改变梁支座形式提高刚度

也可将如图 7-15 所示悬臂梁用简支梁来支撑，减小梁 B 端的挠度，来提高强度和刚度。

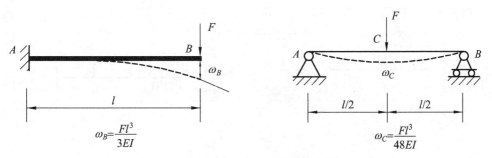

$$\omega_B = \frac{Fl^3}{3EI}$$

$$\omega_C = \frac{Fl^3}{48EI}$$

图 7-15 悬臂梁转化为简支梁来支撑以减少挠度

（2）改变荷载类型。

如图 7-16（b）所示的简支梁上作用一均布荷载，此时的挠度与如图 7-16（a）所示作用集中荷载的相比，减小了 62.5%，所以，可以通过改变梁上的荷载类型来提高梁的刚度。

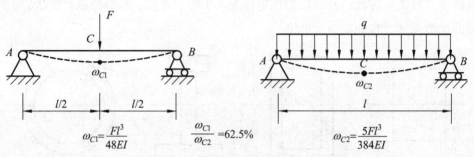

$$\omega_{C1}=\frac{Fl^3}{48EI} \qquad \frac{\omega_{C1}}{\omega_{C2}}=62.5\% \qquad \omega_{C2}=\frac{5Fl^3}{384EI}$$

图 7-16　作用均布荷载提高梁的刚度

3）采用超静定结构

为了提高梁的刚度需要，把原来的简支梁上增加一些支座，此时的梁称为超静定梁，或静不定梁。如图 7-17 所示，采用超静定梁以后，梁中点的弯矩减少到原来的 1/3，对提高梁的刚度是有用的，这就是为什么大型载重货车需要多增加几对轮子的原因之一。但增加了多余支座，就增加了多余的约束，想要算出多余的约束力，就需要增加补充方程，这就是梁的超静定问题。

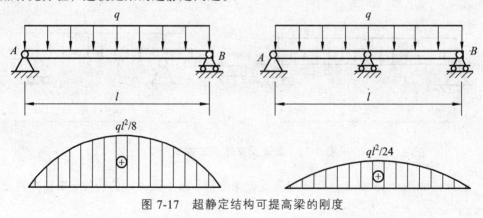

图 7-17　超静定结构可提高梁的刚度

例 7-6 已知超静定梁 *AB* 如图 7-18 所示，试求 *B* 端的约束力。

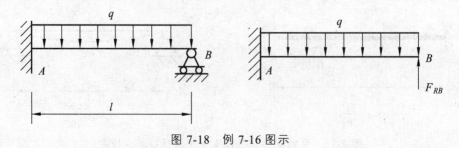

图 7-18　例 7-16 图示

解： 由超静定梁在多余约束处的约束条件可知，梁的变形协调条件 $\omega_B = 0$。将超静定梁 AB 上的荷载分解为如图 7-19 所示两种情况。

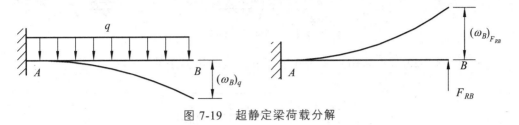

图 7-19　超静定梁荷载分解

查表 7-1 可得

$$(\omega_B)_q = \frac{ql^4}{8EI}, \quad (\omega_B)_{F_{RB}} = -\frac{F_{RB}l^3}{3EI}$$

得补充方程：

$$\frac{ql^4}{8EI} - \frac{F_{RB}l^3}{3EI} = 0$$

由上式可得

$$F_{RB} = \frac{3ql}{8}$$

求出约束力 F_{RB} 后，其他的约束条件可有静力学平衡方程式联立求得。即

$$F_{RA} = \frac{5ql}{8}, \quad M_A = \frac{1}{8}ql^2$$

习　题

（1）如图 7-20 所示简支梁上作用一集中荷载 F，请画出在小变形情况下，梁受力后的挠曲线及 C 点的转角和挠度，并说明转角和挠度的关系。

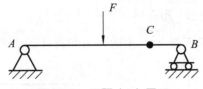

图 7-20　习题（1）图示

（2）如图 7-21 所示悬臂梁和简支梁，梁上所受的外荷载、梁的长度、材料及截面尺寸都相同，试问

① 两根梁的变形程度是否相同？

② 两根梁所对应的相同横截面，其位移是否相同？

③ 根据题（1）、（2）的答题结果，可得出什么结论？

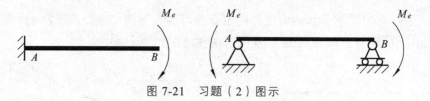

图 7-21 习题（2）图示

（3）如图 7-22 所示结构，如何确定积分常数的边界条件？

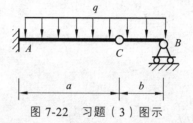

图 7-22 习题（3）图示

（4）试用积分法求如图 7-23 所示梁的挠度和转角，已知梁的抗弯刚度 EI 为常数。

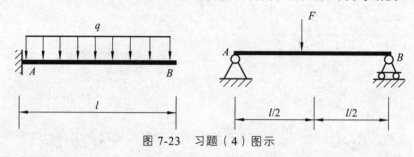

图 7-23 习题（4）图示

（5）试用积分法求如图 7-24 所示梁的转角和挠度，已知梁的抗弯刚度 EI 为常数。

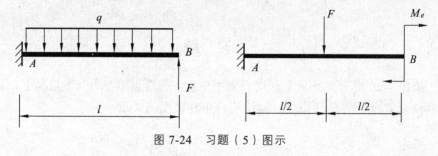

图 7-24 习题（5）图示

（6）试用叠加法求如图 7-25 所示梁的转角和挠度，已知梁的抗弯刚度 EI 为常数。

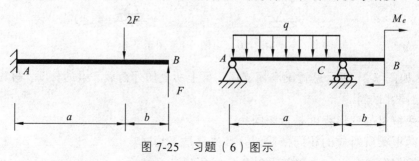

图 7-25 习题（6）图示

第8章　应力状态和强度理论

8.1　应力状态的概念

1. 一点处应力状态概念

从不同材料的拉伸或压缩及扭转试验表明：试件的破坏不仅发生在横截面上，有时也沿斜截面发生破坏。例如，低碳钢拉伸至屈服时，沿轴线约成45°方向产生滑移线，而铸铁拉伸时，不会产生明显的屈服现象，在很小外力作用下沿试件横截面发生破坏。但是，铸铁试件在压缩时却沿轴线45°斜截面断裂。从扭转试验可以得出，低碳钢圆轴试件在扭转时沿横截面破坏，而铸铁圆轴扭转时则沿轴线45°斜截面断裂。因此，要解释这种破坏现象，需要知道各截面上的应力分布情况。

如图8-1（a）所示拉杆试件，同一横截面上各点的正应力相等，其中A点的正应力为

$$\sigma = \frac{F}{A}$$

过A点任取一斜截面m—m如图8-1（b）所示，则斜截面上A点的应力为

$$\sigma_\alpha = \sigma \cos^2 \alpha, \quad \tau_\alpha = \frac{\sigma}{2} \sin 2\alpha$$

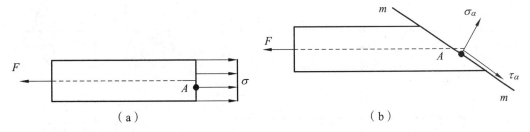

| （a） | （b） |

图8-1　拉杆试件应力

A点在不同方位截面上，其应力是不相同的。

（1）当$\alpha = 0$时，$\sigma_\alpha = \sigma$，$\tau_\alpha = 0$。此时横截面上没有切应力，而正应力达到最大值且相等。

（2）当$\alpha = 45°$时，$\sigma_\alpha = \dfrac{\sigma}{2}$，$\tau_\alpha = \dfrac{\sigma}{2}$。此时斜截面上既有切应力，又有正应力，且切应力达到最大值。

（3）当 $\alpha = 90°$ 时，$\sigma_\alpha = 0$，$\tau_\alpha = 0$。此时斜截面上既没有切应力，又没有正应力。因此，既要研究横截面上的应力，也要研究斜截面上的应力。

横力弯曲梁任一横截面 m—m 应力分布图如图 8-2 所示，横截面上正应力分析和切应力分析的结果表明：同一面上不同点的应力各不相同。

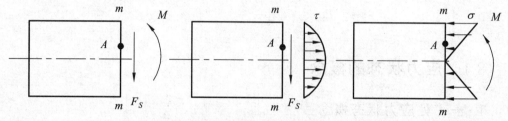

图 8-2　截面应力分布

所以，为了研究构件的强度，必须深入分析构件内各点的应力状态。即过一点不同方向面上应力的集合，称之为这一点的**应力状态**。在研究一点处应力状态时，必须指明应力在哪个面，面上的哪一点，点上的哪个方向。因此，为了便于分析研究，将构件内需要研究的任意一点，看成一个有方向有大小的微小正方体，当三个方向尺寸趋于无穷小时，正方体便是所研究的点，将所研究的正方体称为**单元体**。在单元体相互平行的面上，应力是相等的。

如前所述，同一点不同截面，同一截面不同点，应力可能不一样。所以需要取单元体来研究不同方位上的应力。如图 8-3（a）所示弯曲梁，当需要分析 A、B、C、D、E 点的应力状态时，首先应根据弯矩图和剪力图找到相应点所在截面上是否有剪力和弯矩，再确定截面上的应力分布情况，最后取相应的点来进行应力状态的分析。

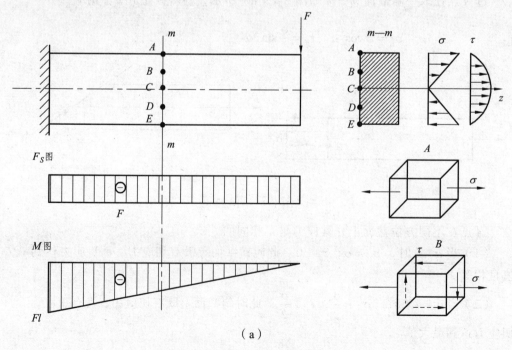

（a）

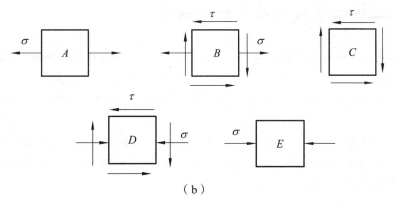

（b）

图 8-3　应力状态分析

弯曲梁上既有弯矩又有剪力，围绕 A 点取单元体，从 $m—m$ 截面上应力分布可以看出，此时 A 点有最大拉应力 σ，切应力为零，处于单向受拉状态。同理，分析 B 点的应力状态时，对应 $m—m$ 截面上的应力分布图可知，此时 B 点既受拉应力，又受切应力。其他点的应力状态图也可用相同的方法求得。因为单元体相互平行的面上，应力是相等的，所以可以将各点的应力状态简化为 8-3（b）所示平面状态。

2. 主平面与主应力

受力构件的某截面上有无数个点，把某点上切应力为零的平面称为**主平面**。作用在主平面上的正应力称为**主应力**。如图 8-3 所示 A 点上没有切应力，所以 A 点的每个面都是**主平面**，其中主平面上的 σ 为主应力，其余两个面的主应力为 0。可以证明，通过受力构件内的任一点，一定存在三个互相垂直的主平面，因而每一个点都有三个主平面。三个主平面上的主应力常用 σ_1、σ_2、σ_3 表示，并按其代数值大小将它们进行排序，即 $\sigma_1 \geqslant \sigma_2 \geqslant \sigma_3$。则 E 点上的主应力表示为 $\sigma_1 = \sigma_2 = 0$，$\sigma_3 = -\sigma$。

3. 应力状态的分类

一点处的应力状态通常用该点处的三个主应力来表示，根据三个主应力不为零的个数，将一点处的应力状态分为三类。

（1）**单向应力状态**：三个主应力中只有一个不等于零。例如，拉（压）杆、受纯弯曲的梁。

（2）**二向应力状态**（平面应力状态）：两个主应力不等于零。例如，纯剪切应力状态。

（3）**三向应力状态**（空间应力状态）：三个主应力皆不等于零。

其中，单向应力状态也称为**简单应力状态**，二向和三向应力状态统称为**复杂应力状态**。

8.2　平面应力状态分析的解析法

由上节可知，受力构件内任一点，一定存在三个互相垂直的主平面，如图 8-3（b）所示 A、E 点。但 B、C、D 点只有前后面是主平面，另外两个与其互相垂直的主平面需要根据单元体上的已知应力来确定。本节用解析法来求解主平面上的主应力，方便后续组合变形情况下强度理论的应用。

平面应力状态的一般形式如图 8-4 所示，设与 x 轴垂直的平面称为 x 平面，此平面上的正应力为 σ_x 和切应力 τ_x；同理可知与 y 轴垂直的平面上的应力为称为 σ_y、τ_y。由切应力互等定理可知，$\tau_x = \tau_y$。

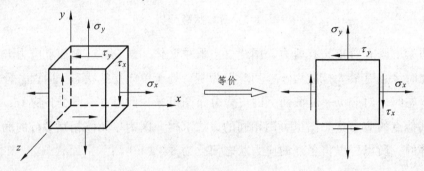

图 8-4　平面应力状态一般形式

1. 斜截面上的应力

既然受力构件内任一点有三个相互垂直的主平面，则单元体主平面上任取与之垂直的斜截面 ab，假想地沿斜截面 ab 将单元体截开，留下左边部分的单元体作为研究对象，如图 8-5 所示。设斜截面外法线 n 与 x 轴的夹角为 α，斜截面上的正应力和切应力分别为 σ_α，τ_α。对个别参数正负作以下规定：

（1）正应力 σ_α：截面外法线同向为正，即拉为正，压为负。

（2）切应力 τ_α：绕研究对象顺时针转为正，逆时针为负。

（3）α 角：从 x 轴正方向逆时针转至法线方向 n 为正，反之为负。

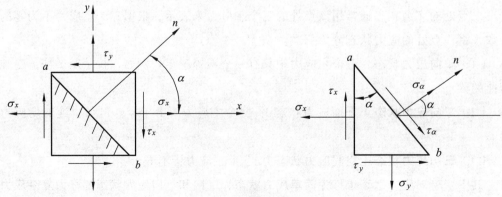

图 8-5　斜截面应力分析

设斜截面的面积为 S ，列分离体平衡方程得

$$\sum F_n = 0 ，$$

$$\sigma_\alpha S - \sigma_x S \cos^2 \alpha + \tau_x S \cos \alpha \sin \alpha - \sigma_y S \sin^2 \alpha + \tau_y S \sin \alpha \cos \alpha = 0$$

考虑剪应力互等和三角变换，整理得

$$\sigma_\alpha = \frac{\sigma_x + \sigma_y}{2} + \frac{\sigma_x - \sigma_y}{2} \cos 2\alpha - \tau_x \sin 2\alpha \qquad （8-1）$$

同理可得

$$\tau_\alpha = \frac{\sigma_x - \sigma_y}{2} \sin 2\alpha + \tau_x \cos 2\alpha \qquad （8-2）$$

上式为二向斜截面应力计算一般公式，若已知 x、y 面的正应力与切应力值大小、α 角的具体位置，就可计算出该斜截面上的 σ_α、τ_α 的应力值。

2. 极值应力

由式（8-1）和式（8-2）可知，斜截面上的应力 σ_α、τ_α 的大小随 α 角的变化而变化，即为 α 角的函数。利用求极值的方法确定任意二向应力状态下，与前后主平面垂直的斜截面 $\tau_\alpha = 0$ 时，σ_α 值为任意值的主平面。

将式（8-1）对 α 求导得

$$\frac{d\sigma_\alpha}{d\alpha} \bigg|_{\alpha=\alpha_0} = -(\sigma_x - \sigma_y) \sin 2\alpha_0 - 2\tau_x \cos 2\alpha_0$$

令 $d\sigma_\alpha / d\alpha = 0$ ，将上式化简为

$$\tan 2\alpha_0 = -\frac{2\tau_x}{\sigma_x - \sigma_y} \qquad （8-3）$$

可知满足式（8-3）的值有两个，即 α_{01}、$\alpha_{01} + 90°$ ，将两个驻点代入式（8-1）可得出极大值与极小值，同理将驻点代入式（8-2）可知，此时斜截面上的切应力值 τ_α 正好为 0。则 α_{01}、$\alpha_{01} + 90°$ 所在的平面恰好就是该单元体上的主平面，这两个主平面是互相垂直的。所以，求出的极值就是对应主平面上的主应力，即

$$\begin{cases} \sigma_{max} \\ \sigma_{min} \end{cases} = \frac{\sigma_x + \sigma_y}{2} \pm \sqrt{\left(\frac{\sigma_x + \sigma_y}{2} \right)^2 + \tau_x^2} \qquad （8-4）$$

找到了三个相互垂直主平面上的主应力后，还需判断它们各自与 σ_{max} 和 σ_{min} 中哪一个相对应。方法如下。

（1）回代法：将 α_0 代回式，算出 $\sigma_{\max}$、$\sigma_{\min}$，便知 α_0 为哪个主应力的方位角。

（2）切应力指向判定法：x 面上的切应力 τ_x，指向哪一个象限，$\sigma_{\max}$ 必在此象限之内。

（3）正应力大小判别法。根据 σ_x 和 σ_y 代数值的相对大小来判定：若 $\sigma_x > \sigma_y$，则 $\sigma_{\max}$ 靠近 x 轴（即 $\sigma_{\max}$ 的方位角 $|\alpha_0| < 45°$）；若 $\sigma_x < \sigma_y$，则 $\sigma_{\min}$ 靠近 x 轴（即 $\sigma_{\max}$ 的方位角 $|\alpha_0| < 45°$）。

同理，可将式（8-2）对 α 求导，并令 $\dfrac{\mathrm{d}\tau_\alpha}{\mathrm{d}\alpha}\Big|_{\alpha=\alpha_1} = 0$，化简得

$$\tan 2\alpha_1 = \frac{\sigma_x - \sigma_y}{2\tau_x} \tag{8-5}$$

满足式（8-5）的值仍然有两个，将其代入式（8-2）可得

$$\begin{cases} \tau_{\max} \\ \tau_{\min} \end{cases} = \pm\sqrt{\left(\frac{\sigma_x + \sigma_y}{2}\right)^2 + \tau_x^2} \tag{8-6}$$

若让式（8-3）与（8-5）相等，则

$$\tan 2\alpha_0 = -\frac{2\tau_x}{\sigma_x - \sigma_y} = \tan 2\alpha_1 = \frac{\sigma_x - \sigma_y}{2\tau_x}$$

化简得

$$\alpha_0 = \alpha_1 + \frac{\pi}{4}$$

即极值切应力面与主平面成 45°角。主平面上切应力为 0，但极值切应力面上正应力不一定为 0。

例 8-1 如图 8-6 所示简支梁，已知 m—m 截面上任一点 A 的弯曲正应力和切应力分别为 $\sigma = -80\,\mathrm{MPa}$，$\tau = 60\,\mathrm{MPa}$。试确定确定 A 点的主应力及主平面的方位。

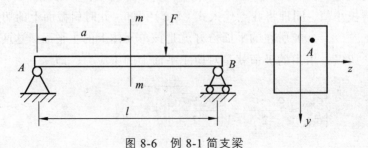

图 8-6　例 8-1 简支梁

解： 围绕 A 点取一单元体出来，如图 8-7 所示。

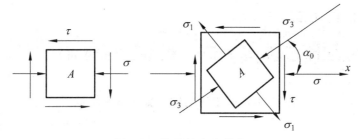

图 8-7　单元件应力分布

由题可得

$$\sigma_x = -80 \text{ MPa}, \quad \sigma_y = 0, \quad \tau_x = 60 \text{ MPa}$$

计算主平面的方位，由式（8-3）可知

$$\tan 2\alpha_0 = -\frac{2\tau_x}{\sigma_x - \sigma_y} = -\frac{2 \times 60}{-80 - 0} = 1.5$$

解得满足主平面的主方位角有 $\alpha_{01} = -56.3°$，$\alpha_{02} = 26.5°$。

　　将算出的主平面方位角带入式（8-4），可得

$$\begin{cases} \sigma_{\max} \\ \sigma_{\min} \end{cases} = \frac{\sigma_x + \sigma_y}{2} \pm \sqrt{\left(\frac{\sigma_x + \sigma_y}{2}\right)^2 + \tau_x^2} = \begin{cases} 32.1 \text{ MPa} \\ -112.1 \text{ MPa} \end{cases}$$

因为 $\sigma_x < \sigma_y$，所以 $\sigma_{\min}$ 靠近 x 轴，如图 8-7 所示，各主应力值为

$$\sigma_1 = 32.1 \text{ MPa}, \quad \sigma_2 = 0, \quad \sigma_3 = -112.1 \text{ MPa}$$

8.3　平面应力状态分析的图解法

1. 应力圆

　　确定受力构件任一点（单元体）主平面的方位角与主应力值的大小，除了用解析法求解，还可以用图解法来求得，即用一个平面图形（应力圆/莫尔圆）将一点的应力状态完整的表示出来。其方法是将 α 作为参数，建立 σ_α 与 τ_α 的函数关系。

　　由式（8-1）和式（8-2），等号两边平方，然后相加消去 α，得

$$\left(\sigma_\alpha - \frac{\sigma_x + \sigma_y}{2}\right)^2 + \tau_\alpha^2 = \left(\frac{\sigma_x - \sigma_y}{2}\right)^2 + \tau_x^2 \qquad （8\text{-}7）$$

式中，σ_x、σ_y、τ_x 均为已知量，则式（8-7）是以 σ_α、τ_α 为变量的圆周方程。当斜截面随方位角 α 变化时，任意斜截面上所对应的应力 σ_α、τ_α 都在该方程所描绘的圆上。常称此圆为**应力圆**，或**莫尔圆**。

2. 应力圆的画法

第一种画法。首先建立 $\sigma_\alpha\text{-}\tau_\alpha$ 直角坐标系，由式（8-7）可知，以 $C\left(\dfrac{\sigma_x+\sigma_y}{2},\,0\right)$ 为圆心，以 $R=\sqrt{\dfrac{\sigma_x-\sigma_y}{2}+\tau_x^2}$ 为半径画出应力圆，如图 8-8 所示。

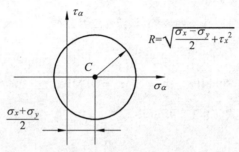

图 8-8　应力圆的第一种画法

第二种画法。在坐标系内画出点 $A(\sigma_x,\,\tau_x)$，$B(\sigma_y,\,\tau_y)$，此处 τ_x 与 τ_y 大小相等，方向相反。再连接 A 点和 B 点，直线 AB 与 σ 轴的交点为 C，最后以 C 点为圆心，以 AC 为半径画出应力圆，如图 8-9 所示。

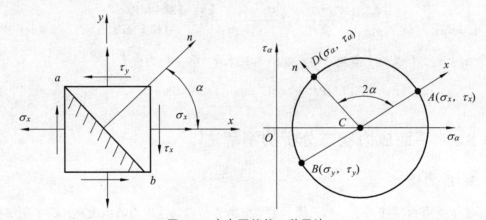

图 8-9　应力圆的第二种画法

3. 单元体与应力圆的对应关系

如图 8-9 所示应力圆半径 CA 按方位角 α 的转向转过 2α 得到半径 CD，此时应力圆上 D 点的坐标值为斜截面上的正应力 σ_α 和切应力 τ_α。想要利用应力圆来确定单元体主应力大小与主平面的方位，就需要研究应力圆上的点与单元体斜截面位置之间的对应关系。

（1）点面对应。应力圆上某一点的坐标值对应着单元体某一截面上的正应力和切应力。如应力圆上 A 点是根据单元体上与 x 轴垂直面上的 σ_x、τ_y 画出来的，即 $A(\sigma_x,\,\tau_x)$。

（2）转向对应。半径旋转方向与截面法线的旋转方向一致。如图 8-9 所示单元体斜截面上的法线 n 由由 x 轴逆时针转过 α 得到，所以，当求解斜截面上的正应力与切应力值时，需要将应力圆上的半径 CA 逆时针转过相应的角度，得到与斜截面对应点的应力值。

（3）二倍角对应。半径转过的角度是截面法线旋转角度的两倍。当半径 CA 逆时针转过 2α 时，应力圆上的 D 点的值为单元体斜截面上所对应的值。

以上就是应力圆与单元之间的"**点面对应、转角两倍、转向相同**"的对应关系。

4. 确定主应力数值和主平面方位

受力构件任一点上的某个截面切应力为 0 的平面称为主平面，从图 8-10 中应力圆可以看出，应力圆与 σ_α 轴的交点 E、F，这两点的横坐标值为与主平面对应的主应力 σ_1、σ_2。最大主应力值所在的 E 点，由半径 CA 顺时针转过 2α 得到，所以单元体上从 x 轴顺时针转 α（负值），即可得到 σ_1 对应的主平面的外法线主平面方位。从图 8-9 中可得主应力值为

$$\begin{cases} \sigma_1 \\ \sigma_3 \end{cases} = OC \pm R_{半径} = \frac{\sigma_x + \sigma_y}{2} \pm \sqrt{\left(\frac{\sigma_x - \sigma_y}{2}\right)^2 + \tau_x^2} \qquad （8\text{-}8）$$

最大和最小切应力值等于应力圆的半径，即

$$\begin{cases} \tau_{max} \\ \tau_{min} \end{cases} = \pm R_{半径} = \pm \frac{\sigma_{max} - \sigma_{min}}{2} = \pm \sqrt{\left(\frac{\sigma_x - \sigma_y}{2}\right)^2 + \tau_x^2} \qquad （8\text{-}9）$$

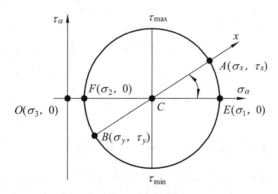

图 8-10　应力圆分析

例 8-2　如图 8-11 所示某传动轴直径为 85 mm，已知主动轮外力偶矩 $M_1 = 8$ kN·m，$M_2 = 4.5$ kN·m，$M_3 = 3.5$ kN·m，若忽略轴上轮及轮的自重。试用图解法确定轴上 D 点的主应力及最大的切应力值 τ_{max}，并画出该点的主单元体。

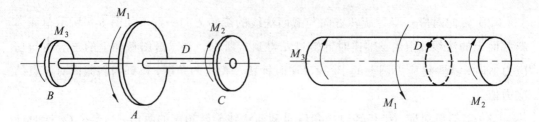

图 8-11 例 8-2 传动轴

解： 根据第 4 章的知识画出该轴的扭矩图，如图 8-12 所示。

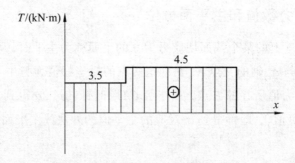

图 8-12 传动轴扭矩图

从图中可知 D 点所在截面的扭矩值为 4.5 kN·m。因忽略轴上轮的自重，轴的扭转起主要作用，因此 D 点上没有正应力，只有切应力 τ，处于纯剪切状态。

$$\tau = \frac{T}{W_P} = \frac{16T}{\pi d^3} = \frac{16 \times 4.5 \times 10^3}{3.14 \times 85^3 \times 10^{-9}} = 37.34 \ (\text{MPa})$$

所以，D 点处的应力状态如图 8-13（a）所示，设横截面为 x 面，纵向面为 y 面。

根据单元体上的应力分布，画出应力圆如图 8-13（b）所示。由应力圆上可以看出，从 D_x 点分别顺时针、逆时针各转动 $90°$ 可得到最大、最小正应力值，即

$$\sigma_1 = OD_1 = \tau = 37.34 \text{ MPa}$$

$$\sigma_3 = -OD_2 = -\tau = -37.34 \text{ MPa}$$

σ_1、σ_3 的主平面位置分别位于 $\alpha = -45°$、$\alpha = 45°$ 的截面上，如图 8-13（c）所示。这一计算结果能合理的解释为什么铸铁受扭转作用时，不沿横截面而沿斜截面破坏的原因。因为铸铁抗拉强度低，试件将沿正应力最大的截面发生破坏，如图 8-14（a）所示。低碳钢圆轴扭转发生屈服时，表面会产生如图 8-14（b）所示的横向和纵向的滑移线，这是由于低碳钢抗剪切强度低，试件横向（$\tau_{max} = 37.34 \text{ MPa}$）、纵向（$\tau_{min} = -37.34 \text{ MPa}$）切应力达到极限引起相对滑移引起的。

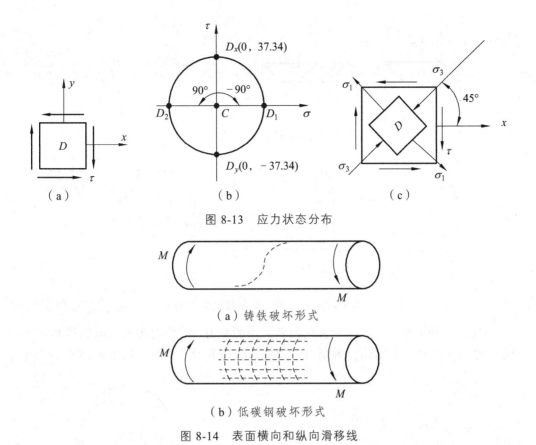

图 8-13　应力状态分布

（a）铸铁破坏形式

（b）低碳钢破坏形式

图 8-14　表面横向和纵向滑移线

8.4　三向应力状态简介

三向应力状态为三个主应力都不为零的应力状态，又称为**空间应力状态**，分析起来比较复杂，所以本节只讨论当一点的三个主应力 σ_1、σ_2、σ_3 已知时，该点的最大正应力与最大切应力。

1. 三向应力圆

已知受力物体内某一点处三个主应力 σ_1、σ_2、σ_3，现利用应力圆确定该点的最大正应力和最大切应力。

首先研究平行于 z 轴方向的斜截面的应力。用截面法沿垂直于 σ_3 所在的主平面，将单元体截为两部分，并取左下部分为研究对象，如图 8-15（a）所示。设截开后主应力 σ_3 所在的平面面积为 S，则 σ_3 所在前后两平面内力 F_N 是一对自相平衡的力，因而该斜截面上的应力 σ_α、τ_α 与 σ_3 无关，只由主应力 σ_1、σ_2 决定。

与 σ_3 垂直的斜截面上的应力可由 σ_1、σ_2 作出的应力圆上的点来表示。如图 8-15（b）所示，此时斜截面上应力 σ_α、τ_α 的值，可根据应力圆与单元体之间的对应关系，在 σ_1、σ_2 所作出的应力圆上找到。

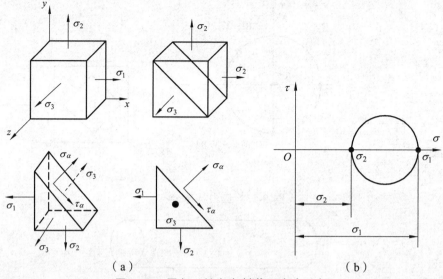

图 8-15　平行 z 轴方向斜截面应力分析

　　同理，可研究平行于 x、y 轴方向的斜截面的应力，研究对象的截取如图 8-16（a）所示，结合上述得出的结论，可画出三向应力状态下的应力圆，如图 8-16（b）所示。

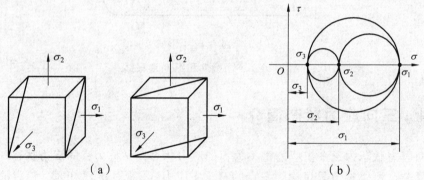

图 8-16　平行 x、y 轴方向斜截面应力分析

　　可以证明，单元体上，ABC 截面表示与三个主平面斜交的任意斜截面，该截面上应力 σ_α、τ_α 对应的点必位于上述三个应力圆所围成的阴影内，如图 8-17 所示。

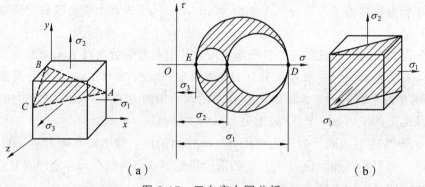

图 8-17　三向应力圆分析

2. 最大应力

在 σ-τ 平面内，代表任意斜截面的应力的点或位于应力圆上，或位于三个应力圆所构成的阴影区域内。该点处的最大正应力应等于最大应力圆上 D 点的横坐标 σ_1，即

$$\sigma_{max} = \sigma_1 , \quad \sigma_{min} = \sigma_3 \qquad (8\text{-}10)$$

最大切应力则等于最大的应力圆的半径。

$$\tau_{max} = \frac{\sigma_1 - \sigma_3}{2} \qquad (8\text{-}11)$$

最大切应力所在的截面与 σ_1 和 σ_3 所在平面成顺时针和逆时针 45°夹角，且与 σ_2 所在的主平面垂直。

8.5 广义胡克定律

1. 基本变形时的胡克定律

在第 2 章中已讨论过，当构件受到轴向拉伸或压缩时，处于单向应力状态下应力与应变之间的关系。当作用在构件上的应力不超过材料的比例极限时，其应力 σ 与纵向线应变 ε 之间的关系可以用轴向拉压胡克定律来表示，即

$$\varepsilon = \frac{\sigma}{E}$$

构件在纵向发生变形的同时，横向的尺寸也将发生变化，其横向线应变为

$$\varepsilon' = -\nu\varepsilon = -\nu\frac{\sigma}{E}$$

在第 4 章中指出，当构件受外力发生扭转变形时，只要切应力不超过材料的比例极限，则切应力与切应变之间的关系可以用剪切胡克定律来表示，即

$$\tau = G\gamma$$

2. 广义胡克定律

如图 8-18 所示围绕三向应力状态点取一单元体，当作用在单元体上的应力不超过材料的比例极限时，可以将单元体分成三个单向应力状态的叠加。显然，可以用叠加原理来建立三向应力状态下应力与应变之间的关系。

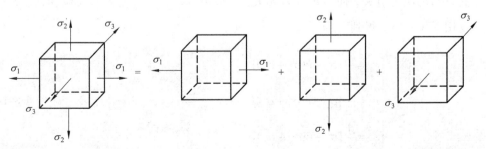

图 8-18　叠加原理

当 σ_1 单独作用时，单元体沿 σ_1 作用线方向产生伸长变形，用轴向拉压胡克定律来描述：

$$\varepsilon_1' = \frac{\sigma_1}{E}$$

另外两个方向产生横向缩短，其横向线应变为

$$\varepsilon_2' = -\nu\frac{\sigma_1}{E} , \quad \varepsilon_3' = -\nu\frac{\sigma_1}{E}$$

同理，可得出 σ_2、σ_3 单独作用下，各个方向的线应变为

$$\varepsilon_1'' = -\nu\frac{\sigma_2}{E} , \quad \varepsilon_2'' = \frac{\sigma_2}{E} , \quad \varepsilon_3'' = -\nu\frac{\sigma_2}{E}$$

$$\varepsilon_1''' = -\nu\frac{\sigma_3}{E} , \quad \varepsilon_2''' = -\nu\frac{\sigma_3}{E} , \quad \varepsilon_3''' = \frac{\sigma_3}{E}$$

在小变形的情况下，可以用叠加原理表示出三向应力状态下，沿 σ_1 方向的线应变，即

$$\varepsilon_1 = \varepsilon_1' + \varepsilon_1'' + \varepsilon_1''' = \frac{1}{E}[\sigma_1 - \nu(\sigma_2 + \sigma_3)] \tag{8-12}$$

同理，可得出三向应力状态下，沿 σ_2、σ_3 方向的线应变。

$$\varepsilon_2 = \varepsilon_2' + \varepsilon_2'' + \varepsilon_2''' = \frac{1}{E}[\sigma_2 - \nu(\sigma_1 + \sigma_3)]$$

$$\varepsilon_3 = \varepsilon_3' + \varepsilon_3'' + \varepsilon_3''' = \frac{1}{E}[\sigma_3 - \nu(\sigma_1 + \sigma_2)] \tag{8-13}$$

式中，ε_1、ε_2、ε_3 为单元体沿三个主应力方向的线应变，称为主应变。其中 σ_1、σ_2、σ_3 为代数值，因为 $\sigma_1 \geqslant \sigma_2 \geqslant \sigma_3$，所以，$\varepsilon_1 \geqslant \varepsilon_2 \geqslant \varepsilon_3$，即 $\varepsilon_1 = \varepsilon_{\max}$，$\varepsilon_3 = \varepsilon_{\min}$。

若单元体上作用的不是主应力，而是一般的应力 σ_x、σ_y、σ_z、τ_{xy}、τ_{xz}、τ_{zy} 时，如图 8-19 所示，单元体不仅有线变形 ε_x、ε_y、ε_z，而且有角变形 γ_{xy}、γ_{yz}、γ_{zy}。对于各向同性材料，当变形很小且在线弹性范围内时，线应变只与正应力有关而与切应力无关，切应变只与切应力有关，而与正应力无关。因此沿 σ_1、σ_2、σ_3 方向的线应变 ε_x、ε_y、ε_z 仍可以用式（8-13）得到，即

$$\begin{cases} \varepsilon_x = \dfrac{1}{E}[\sigma_x - \nu(\sigma_y + \sigma_z)] \\[2mm] \varepsilon_y = \dfrac{1}{E}[\sigma_y - \nu(\sigma_x + \sigma_z)] \\[2mm] \varepsilon_z = \dfrac{1}{E}[\sigma_z - \nu(\sigma_y + \sigma_x)] \end{cases} \tag{8-14}$$

同理，可得到 xy、yz、zx 三个面内的切应变为

$$\gamma_{xy} = \frac{1}{G}\tau_{xy}, \quad \gamma_{zy} = \frac{1}{G}\tau_{zy}, \quad \gamma_{xz} = \frac{1}{G}\tau_{xz} \qquad (8\text{-}15)$$

式（8-13）到（8-15）称为广义胡克定律，对于各向同性材料，式中三个与材料有关的系数 E、ν、G 具有以下关系式：

$$G = \frac{E}{2(1+\nu)} \qquad (8\text{-}16)$$

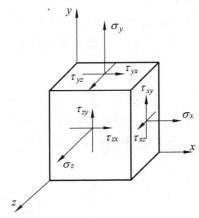

图 8-19　三向应力分布示意图

8.6　强度理论

1. 强度理论的概念

由第 2 章的强度校核公式可知，横截面上所能承受的最大应力 σ_{max} 不得超过材料的许用应力 $[\sigma]$。$[\sigma]$ 可以通过拉伸（压缩）试验测得材料的极限应力 σ_u，再除以安全因数 n 得到。在单向应力状态下，第 4 章根据杆件受扭而建立的强度公式与上述强度条件一样，都是以试验为基础确定失效形式，来建立强度条件，这种方法是强度计算中最简单的方法。

但在实际工程中，构件的危险点往往不是处于单向应力状态，而处于复杂应力状态。若要通过试验来确定复杂应力状态下的失效形式，建立强度条件，则需要对各种各样的应力状态进行试验，确定复杂应力状态下的组合形式与比值，这将会由于技术的困难和工作的繁重导致难以实现。

长期以来，随着生产和实践的发展，大量工程构件强度失效的实例和材料失效的试验结果表明：虽然复杂应力状态各式各样，但是材料在复杂应力状态下，引起强度失效的原因却是共同的。也就是说，造成失效的原因与应力状态无关。这类假说称为**强度理论**。在这些假说的基础上，可利用材料在单向应力状态时的试验结果，来建立

材料在复杂应力状态下的强度条件。至于这些强度理论是否成立，什么条件下成立，还需经过科学试验和生产实践的检验。

经过分析归纳发现，引起强度失效的原因有最大正应力、最大切应力、最大切应变、畸变能密度等。尽管失效现象比较复杂，但构件受外力作用而发生破坏时，不论破坏的表面现象如何复杂，其破坏形式主要有屈服失效和断裂失效两种类型。

2. 四种常用的强度理论

这里主要介绍在常温、静载下，适用于均匀、连续各向同性材料的常用四种强度理论。根据强度失效的形式，将强度理论分成两类：一类是解释断裂失效的，有最大拉应力理论和最大伸长线应变理论。另一类是解释屈服失效的，其中有最大切应力理论和形状改变比能理论。

1) 最大拉应力理论（第一强度理论）

无论材料处于什么应力状态，只要发生脆性断裂，都是由于微元内的最大拉应力 σ_1 达到单向拉伸时的破坏拉应力数值即强度极限 σ_b 引起的，按照此理论，材料发生脆性破坏断裂的条件为

$$\sigma_1 = \sigma_b$$

将 σ_b 除以安全系数 n 得到许用应力 $[\sigma]$，故第一强度理论的强度条件为

$$\sigma_1 \leqslant [\sigma] \tag{8-17}$$

试验表明，这一理论与铸铁、岩石、陶瓷、玻璃等脆性材料的拉断试验结果相符，这些材料在轴向拉伸时的断裂破坏发生于拉应力最大的横截面上。脆性材料的扭转破坏，也是沿拉应力最大的斜面发生断裂，这些都与最大拉应力理论相符，但这个理论没有考虑其他两个主应力的影响，且对没有拉应力的应力状态无法应用。

2) 最大伸长线应变理论（第二强度理论）

无论材料处于什么应力状态，只要发生脆性断裂，都是由于微元内的最大拉应变 ε_1（线变形）达到单向拉伸时的破坏伸长应变数值 ε_b 引起的。极限伸长线应变 ε_b 的极限值可由胡克定律计算得 σ_b / E。按照此理论，任意应力状态下，材料发生脆性断裂的条件为

$$\varepsilon_1 = \frac{\sigma_b}{E}$$

由广义胡克定律，有

$$\varepsilon_1 = \frac{1}{E}[\sigma_1 - \nu(\sigma_2 + \sigma_3)]$$

综合上两式得断裂准则：

$$\sigma_1 - \nu(\sigma_2 + \sigma_3) = \sigma_b$$

将 σ_b 除以安全系数 n 得到许用应力 $[\sigma]$，故第二强度理论的强度条件为

$$\sigma_1 - \nu(\sigma_2 + \sigma_3) \leqslant [\sigma] \tag{8-18}$$

试验表明，此理论对于一拉一压的二向应力状态的脆性材料的断裂较符合，如铸铁受拉压比第一强度理论更接近实际情况。煤、石料等材料在轴向压缩试验时，如端部无摩擦，试件将沿垂直于压力的方向发生断裂，这一方向就是最大伸长线应变的方向，这与第二强度理论的结果相近。

3）最大切应力理论（第三强度理论）

无论材料处于什么应力状态，只要发生屈服，都是由于微元内的最大切应力 τ_{max} 达到了某一极限值引起的。构件受单向拉伸情况下，横截面上的拉应力达到极限应力 σ_s，出现屈服现象，此时与轴线成 45° 的斜截面上相应的最大切应力为 $\tau_{max} = \sigma_s / 2$。按照此理论，任意应力状态下 $\tau_{max} = \dfrac{\sigma_1 - \sigma_3}{2}$，材料发生屈服的条件为

$$\frac{\sigma_1 - \sigma_3}{2} = \frac{\sigma_s}{2}$$

将 σ_b 除以安全系数 n 得到许用应力 $[\sigma]$，故第三强度理论的强度条件为

$$\sigma_1 - \sigma_3 \leqslant [\sigma] \tag{8-19}$$

试验表明，第三强度理论曾被许多塑性材料的试验结果所证实，且稍偏于安全。这个理论所提供的计算式比较简单，故它在工程设计中得到了广泛的应用。该理论没有考虑中间主应力 σ_2 的影响，其带来的最大误差不超过 15%，而在大多数情况下远比此值小。

4）形状改变比能理论（第四强度理论）

构件受到外力作用而产生弹性变形时，其形状和体积都会发生改变，同时构件内部也将储存变形能。每单位体积内的变形能称为变形比能，它由与体积改变相关的体积改变比能、与形状改变相关的形状改变比能两部分组成。

形状改变比能认为，无论材料处于什么应力状态，只要发生屈服，都是由于微元的最大形状改变比能达到一个极限值引起的。这个形状比能的极限值，可通过单向拉伸试验来确定。由于形状比能公式较复杂，此处略去详细的推导过程，直接给出第四强度理论的强度条件为

$$\sqrt{\frac{1}{2}[(\sigma_1 - \sigma_2)^2 + (\sigma_2 - \sigma_3)^2 + (\sigma_3 - \sigma_1)^2]} \leqslant [\sigma] \tag{8-20}$$

试验表明，对塑性材料，此理论比第三强度理论更符合试验结果，在工程中得到了广泛应用。这个理论和许多塑性材料的试验结果相符，用这个理论判断碳素钢的屈服失效是相当准确的。

3. 相当应力

可以把各种强度理论的强度条件写成统一形式：

$$\sigma_{ri} \leqslant [\sigma] \tag{8-21}$$

式中，σ_{ri} 为**相当应力**，是将设计理论中直接与许用应力 $[\sigma]$ 比较的量，即 σ_{ri} 是与复杂应力状态危险程度相当的单轴拉应力。四个强度理论的相当应力分别表示为

$$\begin{cases} \sigma_{r1} = \sigma_1 \\ \sigma_{r2} = \sigma_1 - \nu(\sigma_2 + \sigma_3) \\ \sigma_{r3} = \sigma_1 - \sigma_3 \\ \sigma_{r4} = \sqrt{\dfrac{1}{2}[(\sigma_1 - \sigma_2)^2 + (\sigma_2 - \sigma_3)^2 + (\sigma_3 - \sigma_1)^2]} \end{cases} \tag{8-22}$$

4. 各种强度理论的适用范围及其应用

选用强度理论时要注意：破坏原因与破坏形式的一致性，理论计算与试验结果要接近。一般，在常温和静载的条件下，脆性材料多发生脆性断裂，故通常采用第一、第二强度理论；塑性材料多发生塑性屈服，故应采用第三、第四强度理论。影响材料的脆性和塑性的因素很多，例如低温能提高脆性，高温一般能提高塑性；在高速动荷载作用下脆性提高，在低速静荷载作用下保持塑性。

无论是塑性材料或脆性材料，在三向拉应力接近相等的情况下，都以断裂的形式破坏，所以应采用最大拉应力理论。如低碳钢拉杆切有环形尖锐切槽，在切槽根部的材料就处于三向拉伸应力状态，这部分材料将发生脆性断裂。

无论是塑性材料或脆性材料，在三向压应力接近相等的情况下，都可以引起塑性变形，所以应该采用第三或第四强度理论。如用压力机压放在铸铁板上的钢球，在两者接触点附近的材料将处于三向受压的应力状态，当压力增大时，铸铁板上将会压出一个明显凹陷，而不是将铸铁板压裂。

应用强度理论解决实际问题的步骤如下。

（1）内力分析：画内力图，确定可能的危险面。

（2）应力分析：画危险面应力分布图，确定危险点并画出单元体，求主应力。

（3）强度分析：选择适当的强度理论，计算相当应力，然后进行强度计算。

例 8-3 如图 8-20（a）所示轴在外力偶矩及外力的作用下，发生扭转压缩组合变形，已知直径为 $d = 100 \text{ mm}$，$M_e = 8 \text{ kN·m}$，$F = 50 \text{ kN}$，$[\sigma] = 100 \text{ MPa}$，材料为低碳钢，试用第三强度理论校核杆的强度。

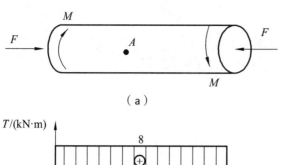

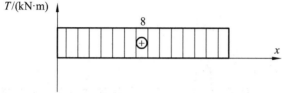

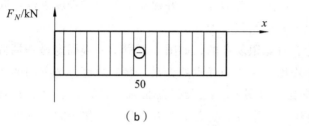

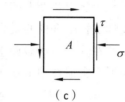

图 8-20　例 8-3 轴外力与力偶矩作用

解：（1）画出外力偶矩和外力单独作用下的内力图，如图 8-20（b）所示。从图中可以看出，整个轴上，各内力均相等，所以整段轴任取一点 A 的应力状态来进行强度条件校核。A 点的应力状态如图 8-20（c）所示。

（2）计算 A 点单元体上应力值。

$$\sigma = \frac{F_N}{A} = \frac{4 \times (-50) \times 10^3}{\pi \times 100^2 \times 10^{-6}} = -6.4 \,(\text{MPa})$$

$$\tau = \frac{T}{W_P} = \frac{16 \times 8 \times 10^3}{\pi \times 100^3 \times 10^{-9}} = 40.8 \,(\text{MPa})$$

（3）求主应力值。

因为 $\sigma_x = -6.4$，$\sigma_y = 0$，$\tau_x = 40.8$，代入公式

$$\begin{cases} \sigma_1 \\ \sigma_3 \end{cases} = \frac{\sigma_x + \sigma_y}{2} \pm \sqrt{\left(\frac{\sigma_x - \sigma_y}{2}\right)^2 + \tau_x^2} = \frac{-6.4}{2} \pm \sqrt{\left(\frac{6.4}{2}\right)^2 + (40.8)^2} = \begin{cases} 37.7 \\ -44.1 \end{cases}$$

因此：$\sigma_1 = 37.7 \,\text{MPa}$，$\sigma_2 = 0$，$\sigma_3 = -44.1 \,\text{MPa}$，利用第三强度理论，得

$$\sigma_1 - \sigma_3 = 37.7 - (-44.1) = 81.8 \,\text{MPa} \leqslant [\sigma]$$

所以，轴安全。

第9章 组合变形

9.1 组合变形的概述

1. 组合变形概念

通过前面的学习，掌握了杆件在拉伸（或压缩）、剪切、扭转和弯曲（主要是平面弯曲）四种基本变形时的内力、应力及变形计算，并建立了相应的强度条件。同时，也讨论了复杂应力状态下的应力分析及强度理论。

在实际工程中杆件的受力有时是很复杂的，如图 9-1 所示一端固定另一端自由的悬臂杆。若在其自由端截面上作用有一空间任意的力系，我们总可以把空间的任意力系沿截面形心主惯性轴 $xOyz$ 简化，得到 x、y、z 三坐标轴上投影 P_x、P_y、P_z 和力矩 M_x、M_y、M_z。当杆件只受到这六种力（或力矩）中的某一个作用时，杆件产生单一的基本变形。

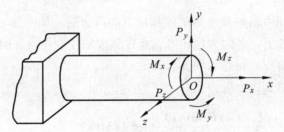

图 9-1 杆件的复杂受力

本章主要讨论杆件受到这六种力（或力矩）中的某两个（或两个以上）作用时，引起两种（或两种以上）基本变形的强度计算。杆件同时有两种或两种以上的基本变形的组合时，称为**组合变形**，如图 9-2 所示。

若六种力只有 P_x 和 M_z（或 M_y）两个作用时，杆件既产生拉（或压）变形又产生纯弯曲，简称为**拉（压）纯弯曲的组合**，又可称它为**偏心拉（压）**，如图 9-2（a）所示。

若六种力中只有 M_z 和 M_y 两个作用时，杆件产生两个互相垂直方向的平面弯曲（纯弯曲）的组合，如图 9-2（b）所示。

若六种力中只有 P_z 和 P_y 两个作用时，杆件也产生两个互相垂直方向的平面弯曲（横力弯曲）的组合，如图 9-2（c）所示。

若六种力中只有对 P_y 和 M_x 两个作用时，杆件产生弯曲和扭转的组合，如图 9-2（d）所示。

若六种力中有 P_x，P_y 和 M_x 三个作用时，杆件产生拉（压）与弯曲和扭转的组合，如图 9-2（e）所示。

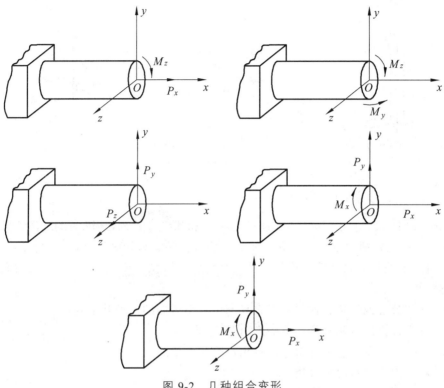

图 9-2　几种组合变形

2. 组合变形实例

组合变形的工程实例是很多的，工程中的许多受力构件往往同时发生两种或两种以上的基本变形。如图 9-3（a）所示工厂烟囱，在自重和风力的作用下，产生轴向压缩和弯曲组合变形。如图 9-3（b）所示传动轴，若不计轴和轮的自重，则轴只受扭转作用，否则轴会受到弯曲和扭转组合变形。如图 9-3（c）所示厂房支柱，在偏心力 P_1，P_2 作用下，会发生轴向压缩和弯曲的组合变形，也可称为**偏心压缩变形**。如图 9-3（d）所示卷扬机机轴，在力 P 作用下，则会发生弯曲和扭转的组合变形。

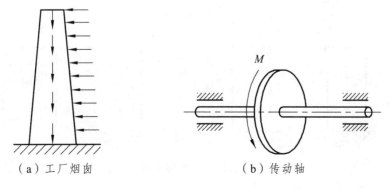

（a）工厂烟囱　　　　　　　　　　（b）传动轴

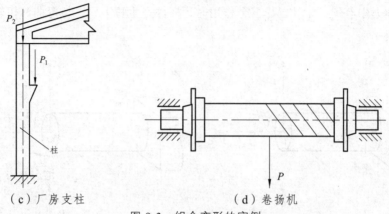

（c）厂房支柱 　　　　　　　　　（d）卷扬机

图 9-3　组合变形的实例

3. 组合变形下的计算

　　根据叠加原理，在小变形假设和胡克定律有效的情况下，来处理杆件的组合变形问题。具体方法：首先分别考虑杆件在每一种单一基本变形情况下发生的应力、应变或位移，最后再将它们叠加起来，即可得到杆件在组合变形情况下发生的应力、应变或位移。基本解题步骤如下。

　　① 外力分解或简化：使每一组力只产生一个方向的一种基本变形。

　　② 分别计算出各基本变形下的内力及应力。

　　③ 根据内力图及应力分析图，找到危险截面危险点。

　　④ 对危险点进行应力分析。

　　⑤ 用强度理论进行强度计算。

　　如图 9-4 所示立柱在任意外力作用下，产生压缩和弯曲组合变形。对外力进行详细分解后可知，该立柱产生的弯曲变形包括纯弯曲变形和横力弯曲变形两种。

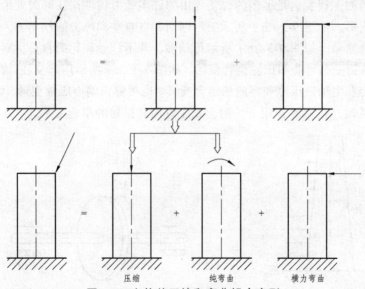

压缩　　　　　　纯弯曲　　　　　横力弯曲

图 9-4　立柱的压缩和弯曲组合变形

9.2 拉伸（或压缩）与弯曲的组合

若作用在杆上的外力除轴向力外，还有横向力，则杆将发生拉伸（若压缩）与弯曲的组合变形。

如图 9-5（a）所示矩形截面石墩。它同时受到水平方向的土压力和竖直方向的自重作用。显然土压力会使它发生弯曲变形，而自重则会使它发生压缩变形。因石墩的横截面积 A 和惯性矩 I 都比较大，在受力后其变形很小，故可以忽略压缩变形和弯曲变形间的相互影响，并根据叠加原理求得石墩任一截面上的应力。

现研究距墩顶端的距离为 x 的任意截面上 m—m 的应力。由于自重作用，在此截面上将引起均匀分布的压应力：

$$\sigma_N = \frac{F_N(x)}{A}$$

由于土压力的作用，在同一截面上离中性轴 Oz 的距离为 y 的任一点处的弯曲应力为

$$\sigma_q = \frac{M(x)y}{I_z}$$

根据叠加原理，在此截面上离中性轴的距离为 y 的点上的总应力为

$$\sigma = \sigma_N \pm \sigma_q = \frac{F_N(x)}{A} \pm \frac{M(x)y}{I_z}$$

应用上式时注意将 $F_N(x)$、$M(x)$、y 的大小和正负号同时代入。

石墩横截面上应力 σ_N、σ_q 和 σ 的分布情况一般如图 9-5（b）所示。由于土压力和自重的不同，总应力 σ 的分布也可能如图 9-5（c）所示。

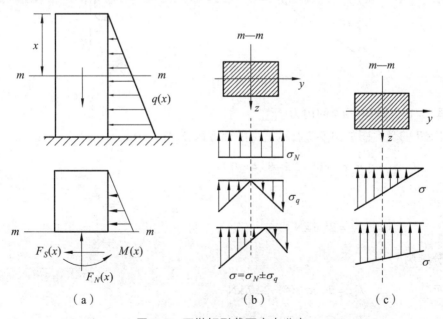

（a） （b） （c）

图 9-5　石墩矩形截面应力分布

石墩的最大拉应力 $\sigma_{t,max}$ 及最大压应力 $\sigma_{c,max}$，发生在最大弯矩 M_{max} 及最大轴力 $F_{N\,max}$ 所在的截面上离中性轴最远处。从图 9-5（b）中可以看出，最大拉应力和最大压应力其值为

$$\frac{\sigma_{t,max}}{\sigma_{c,max}} = \frac{F_N}{A} \pm \frac{M_{max}}{W_z} \tag{9-1}$$

式中，$W_z = \dfrac{I_z}{y_{max}}$ 是石墩矩形横截面对 z 轴的抗弯截面模量。由于危险点处的应力状态处于单向应力状态，故其强度条件为

$$\sigma_{max} \leqslant [\sigma] \tag{9-2}$$

上式适用于拉压等强度材料。对于塑性材料，式中的 σ_{max} 取 $\sigma_{t,max}$ 和 $\sigma_{c,max}$ 两者中绝对值较大的那个。对于脆性材料则应分别进行抗拉和抗压校核。

$$\begin{aligned} \sigma_{t,max} &\leqslant [\sigma_t] \\ \sigma_{c,max} &\leqslant [\sigma_c] \end{aligned} \tag{9-3}$$

上面以石墩为例介绍了怎样计算杆在拉伸（或压缩）与弯曲组合变形情况下的应力，也可用同样方法求解其他类似问题。

例 9-1　三角形托架如图 9-6 所示，杆 AB 为一工字钢悬臂梁。已知作用在点 B 处的集中荷载 $P = 8$ kN，型钢的许用应力 $[\sigma] = 100$ MPa。试选择杆 AB 的工字钢型号。

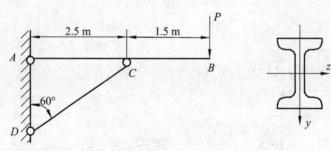

图 9-6　例 9-1 三角形托架

解：（1）计算杆 AB 的内力。

杆 AB 的受力图如图 9-7 所示，由平衡方程 $\sum M_A = 0$，有

$$F_N \cos 60° \times 2.5 - 8 \times 4 = 0$$

解得

$$F_N = 25.6 \text{ kN}$$

将 F_N 分解为

$$F_{N1} = F_N \cos 30° = 22.7 \text{ kN}$$

$$F_{N2} = F_N \sin 30° = 12.8 \text{ kN}$$

可见 AB 杆在 AC 段内产生拉伸与弯曲的组合变形。

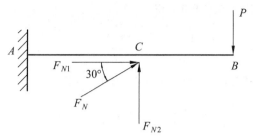

图 9-7　杆 AB 受力图

（2）画出内力图。

拉伸和弯曲变形单独作用下，结合前面所学的求内力方法，分别画出杆 AB 的内力图，如图 9-8 所示。

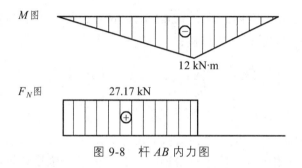

图 9-8　杆 AB 内力图

从图中可以看出 C 点左侧为危险截面，其内力为

$$M_{\max} = 12 \text{ kN·m} ， F_{N\max} = 27.17 \text{ kN}$$

（3）计算最大正应力。

从 AB 杆的变形判定，在危险截面 C 的上边缘各点为最大拉应力，根据叠加原理，杆 AB 在截面 C 上的最大拉应力为

$$\sigma_{\max} = \frac{F_{N2}}{A} + \frac{M_{\max}}{W_z} = \frac{22.17 \times 10^3}{A} + \frac{12 \times 10^3}{W_z} \qquad （9\text{-}4）$$

式中，A 为杆 AB 横截面的面积，W_z 为相应的抗弯截面模量。

（4）选择工字钢的型号。

第一种解法：

因为式（9-4）中的 A 和 W_z 均未知，故需采用试算法。首先选用 18 号工字钢，由型钢表可查得 $A = 30.8 \times 10^2 \text{ mm}^2$，$W_z = 185 \times 10^3 \text{ mm}^3$，代入式（9-4）得

$$\sigma = \frac{22.17 \times 10^3}{30.8 \times 10^2 \times 10^{-6}} + \frac{12 \times 10^3}{185 \times 10^3 \times 10^{-9}} = 72.1 \times 10^6 （\text{N/m}^2）$$

$$= 72.1 （\text{MPa}） < [\sigma] = 100 （\text{MPa}）$$

强度是够的，但富余太多，不经济。改选 16 号工字钢，其 $A = 26.1 \times 10^2 \text{ mm}^2$，$W_z = 141 \times 10^3 \text{ mm}^3$，代入式（9-4）得

$$\sigma = \frac{22.17 \times 10^3}{26.1 \times 10^2 \times 10^{-6}} + \frac{12 \times 10^3}{141 \times 10^3 \times 10^{-9}} = 93.6 \times 10^6 \ (\text{N/m}^2)$$

$$= 93.6 \ (\text{MPa}) < [\sigma] = 100 \ (\text{MPa})$$

这样选用 16 号工字钢，既能满足强度条件，用材又比较经济。

第二种解法：

因为式（9-4）中的 A 和 W_z 均未知，故也采用试算法。开始计算时，可不考虑轴力的影响，只需根据弯曲强度条件选择工字钢，因此，

$$W_z \geqslant \frac{M_{max}}{[\sigma]} = \frac{12 \times 10^3}{100 \times 10^6} = 120 \ (\text{cm}^3)$$

查型钢表取 16 号工字钢，其 $A = 26.1 \times 10^2 \text{ mm}^2$，$W_z = 141 \times 10^3 \text{ mm}^3$，考虑轴力和弯矩的共同影响时，进行强度校核：

$$\sigma_{max} = \frac{F_{N\,max}}{A} + \frac{M_{max}}{W_z} = 93.6 \text{ MPa} \leqslant [\sigma]$$

故可选 16 号工字型钢。

例 9-2 铸铁压力机框架，立柱横截面尺寸如图 9-9（a）所示，材料的许用拉应力 $[\sigma_t] = 40 \text{ MPa}$，许用压应力 $[\sigma_c] = 120 \text{ MPa}$。试按立柱的强度计算许可荷载 F。

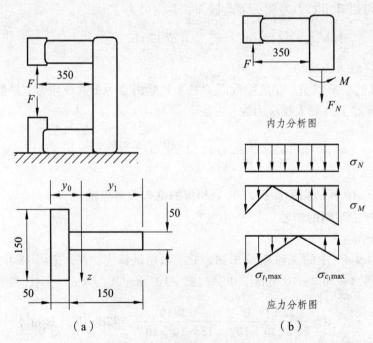

（a）　　　　　　　　　　（b）

图 9-9　例 9-2 铸铁压力机框架

解：（1）计算横截面的形心、面积、惯性矩。

根据第 3 章的知识可计算出 T 形截面的以下数值。

$$A = 15\,000 \text{ mm}^2, \quad y_0 = 75 \text{ mm}, \quad y_1 = 125 \text{ mm}, \quad I_z = 5.31 \times 10^7 \text{ mm}^4$$

（2）立柱横截面的内力。

从图 9-9（b）中的内力分析图可得

$$F_N = F$$

$$M = F(350 + 75) \times 10^{-3} = 425F \times 10^{-3} \text{ (N·m)}$$

（3）立柱横截面的最大应力。

立柱受弯曲和拉伸的组合变形，根据立柱受力情况可画出立柱的应力分布图，如图 9-9（b）所示。从应力分析图可得

$$\sigma_{t,\max} = \frac{My_0}{I_z} + \frac{F_N}{A} = \frac{425 \times 10^{-3}F \times 0.075}{5.31 \times 10^{-5}} + \frac{F}{15 \times 10^{-3}} = 667F \text{ (Pa)}$$

$$\sigma_{c,\max} = \frac{My_1}{I_z} - \frac{F_N}{A} = \frac{425 \times 10^{-3}F \times 0.125}{5.31 \times 10^{-5}} - \frac{F}{15 \times 10^{-3}} = 934F \text{ (Pa)}$$

（4）求许可荷载 F。

$$\sigma_{t,\max} = 667F \leqslant [\sigma_t]$$

解得

$$F = 60 \text{ kN}$$

$$\sigma_{c,\max} = 934F \leqslant [\sigma_c]$$

解得

$$F = 128.5 \text{ kN}$$

所以，许可荷载 $F = 60$ kN。

9.3 偏心压缩（拉伸）

当杆受到与杆轴线平行但不通过其截面形心的集中压力 P 作用时，杆产生偏心压缩变形。如图 9-3（c）所示厂房支柱就是偏心受压杆。偏心受压杆的受力情况一般可抽象为如图 9-10（a）、图 9-10（b）所示两种偏心受压情况（当 P 向上时为偏心受拉。）

如图 9-10（a）所示，偏心压力 P 的作用点 E 是在截面的形心主轴 Oy 上，即它只在轴 Oy 的方向上偏心，这种情况在工程实际中是最常见的。若通过力的平移规则将偏心压力 P 简化为作用在截面形心 O 上的轴心压力 P 和对形心主轴 Oz 的弯曲力偶 $m = Pe$

（这里的 e 称为偏心距），则不难看出，偏心压力 P 对杆的作用就相当于轴心压力 P 对杆的轴心压缩作用和弯曲力偶 m 对杆的纯弯曲作用的组合。由截面法可知，在这种杆的横截面上，同时存在轴向压力 $F_N = P$ 和弯距 $M = m = Pe$。

如图 9-10（b）所示，偏心压力 P 的作用点 E 既不在截面的形心主轴 Oy 上，也不在 Oz 上，即它对于两个形心主轴来说都是偏心的。同样，可将这种偏心压力简化为作用在截面形心 O 上的轴心压力 P、对形心主轴 Oy 的弯曲力偶 m_y 和对形心主轴 Oz 的弯曲力偶 m_z，故在杆的横截面上同时存在轴向压力 $F_N = P$、弯距 $M_z = m_z = Pe_y$ 和弯矩 $M_y = m_y = Pe_z$。

从上述分析可见，杆的偏心压缩，即相当于杆的轴心压缩和弯曲的组合。

因为在偏心受压杆中，出现的正应力主要是压应力，故本节为了计算上的方便，对正应力正负号的规定做如下的改变，即令压应力的符号为正，拉应力的符号为负。

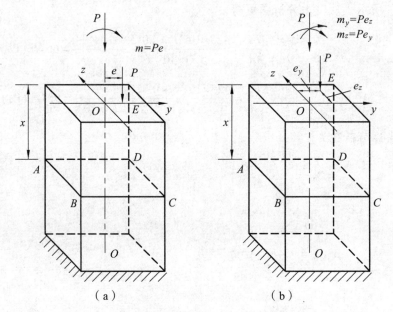

图 9-10　杆的偏心压缩分析

1. 单向偏心受压

如图 9-10（a）所示情况也称为单向偏心受压。因压力 P 的作用线平行于杆轴线，故在杆的各横截面上有同样的轴力 F_N 和同样的弯矩 M。根据叠加原理，可求得杆任一横截面上任一点处的正应力为

$$\sigma = \frac{F_N}{A} \pm \frac{My}{I_z} \qquad (9\text{-}5)$$

在应用式（9-5）时，对第二项前的正负号一般可根据弯矩 M 的转向凭直观来选定，即当 M 对计算点处引起的正应力为压应力时取正号，为拉应力时取负号。但应注意，在这种情况下，M 和 y 都只要代入它们的绝对值。

最大正应力和最小正应力分别发生在截面的两个边缘上，其计算公式为

$$\begin{cases} \sigma_{max} \\ \sigma_{min} \end{cases} = \frac{F_N}{A} \pm \frac{M}{W_z} \qquad (9\text{-}6)$$

式中，A 为杆的横截面面积，W_z 为相应的抗弯截面模量。

对矩形截面偏心受压杆，从偏心力 P 所在的位置可以看出，在任一横截面上，最大的正应力发生在边缘 DC 上。在边缘 AB 上则根据 F_N 和 M 的不同大小，可能发生最小的压应力，最大的拉应力或在该处的应力等于零。若将矩形截面的面积 $A = bh$，抗弯截面模量 $W_z = \frac{bh^2}{6}$ 和截面上的弯矩 $M = F_N e$ 代入式（9-6），即可将其改写为

$$\begin{cases} \sigma_{max} \\ \sigma_{min} \end{cases} = \frac{F_N}{bh} \pm \frac{6F_N}{bh^2} = \frac{F_N}{bh}\left(1 \pm \frac{6e}{h}\right) \qquad (9\text{-}7)$$

2. 双向偏心受压

如上所述，当偏心压力 P 的作用点 E 不在横截面的任一形心主轴上时 [见图 9-10 (b) 和图 9-11]，力 P 可简化为作用在截面形心 O 处的轴向压力 P 和两个弯曲力偶 $m_y = Pe_z$，$m_z = Pe_y$。故在杆任一横截面上的内力，将包括轴力 $F_N = P$ 和弯矩 $M_y = Pe_z$，$M_z = Pe_y$，根据叠加原理，可得到杆横截面上任一点（y，z）处的正应力计算公式为

$$\sigma = \frac{F_N}{A} + \frac{M_y z}{I_y} + \frac{M_z y}{I_z} = \frac{P}{A} + \frac{Pe_z z}{I_y} + \frac{Pe_y y}{I_z} \qquad (9\text{-}8)$$

式中，I_y 和 I_z 为横截面分别对 y 轴和 z 轴的惯性矩。当 e_z 或 e_y 为零时，它就成为在单向偏心受压情况下的式（9-5）。注意式（9-8）是根据力 P 作用在坐标系的第一象限内，并规定压应力的符号为正而导出的。若要求如图 9-11 所示点 C（y_c，z_c）处的应力，应将坐标 y_c，z_c 的绝对值代入式（9-8），并将 y_c，z_c 所带的正、负号提到式中各项的前面，则可得到

$$\sigma_c = \frac{P}{A} - \frac{Pe_z |z_c|}{I_y} + \frac{Pe_y |y_c|}{I_z}$$

一般说来，每一种内力在截面上某一点处产生的应力的正、负号，是可从图上直接判断出来的。例如从图 9-11 中不难看出，轴心压力 P 会使点 C 处产生压应力，对 z 轴的弯矩 M_z 会使点 C 处产生压应力，对 y 轴的弯矩 M_y 则会使点 C 处产生拉应力，这与上式中各项所有的正负号是一致的。故在应用式（9-8）时，经常用到的办法是，只将 F_N、M_y、M_z、y、z 等的绝对值代入，至于每一项前应有的正负号，则可用上述直接判断的方法来确定。

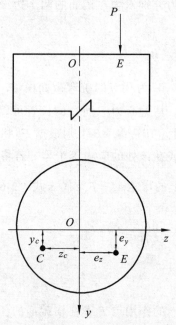

图 9-11　双向偏心受压

为了进行强度计算，我们需要求出在截面上所产生的最大正应力和最小正应力，为此需先确定出中性轴的位置。同样，根据中性轴的概念可将 $\sigma = 0$ 代入式（9-8），求得中性轴的方程为

$$\frac{P}{A} + \frac{Pe_z z}{I_y} + \frac{Pe_y y}{I_z} = 0$$

将 $I_y = Ar_y^2$，$I_z = Ar_z^2$ 代入，则上式可改写为

$$1 + \frac{e_y y}{r_z^2} + \frac{e_z z}{r_y^2} = 0 \qquad\qquad（9-9）$$

这个方程为直线方程，故中性轴为一条直线，如图 9-12 所示直线 *n-n*。由式（9-9）还可看出，坐标 *y* 和 *z* 不能同时为 0，故中性轴不通过截面的形心。至于中性轴是在截面之内还是在截面之外，与力 *P* 的作用点 *E* 的位置（e_y，e_z）有关。将 $z = 0$ 和 $y = 0$ 分别代入式（9-9），即可求得中性轴与轴 *y* 和轴 *z* 的截距 a_y、a_z（见图 9-12）：

$$\begin{cases} a_y = -\dfrac{r_z^2}{e_y} \\[2mm] a_z = -\dfrac{r_y^2}{e_z} \end{cases} \qquad\qquad（9-10）$$

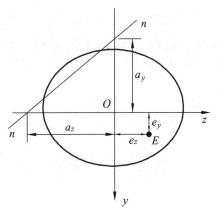

图 9-12 中性轴的位置

由式（9-10）可以看出，e_y、e_z 愈小时，a_y、a_z，就愈大，即力 P 的作用点愈向截面形心靠近，截面的中性轴就离开截面形心愈远，甚至会移到截面以外去。中性轴不在截面上，则意味着在整个截面上只有压应力作用。

例 9-3　起重能力为 80 kN 的起重机，安装在混凝土基础上（见图 9-13）。起重机支架的轴线通过基础的中心。已知起重机的自重为 180 kN（荷载 P 及平衡锤 Q 的自重不包括在内），其作用线通过基础底面的轴 Oz，且有偏心距 e = 0.6 m。若矩形基础的短边长为 3 m，问（1）其长边的尺寸 a 应为多少才能使基础上不产生拉应力？（2）在所选的 a 值之下，基础底面上的最大压应力等于多少？（已知混凝土的密度 ρ = 2.243 × 10³ kg/m³）

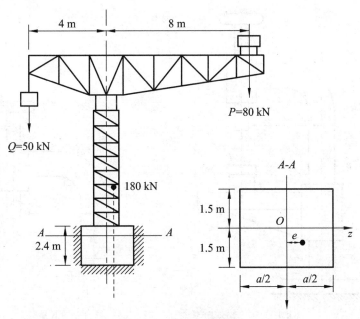

图 9-13　例 9-3 起重机

解：（1）将有关各力向基础的中心简化，得到轴向压力。

$$P = 50 + 80 + 180 + 2.4 \times 3 \times a \times 2.243 \times 9.81$$
$$= (310 + 158.4a) \text{ kN}$$

对主轴 Oy 的力矩为

$$M = -50 \times 4 + 180 \times 0.6 + 80 \times 8 = 548 \text{ (kN·m)}$$

要在基础上不产生拉应力，必须使式（9-5）中的 $\sigma_{\min} = \dfrac{F_N}{A} - \dfrac{M}{W_z} = 0$，将 $F_N = P$、$A = 3a$、

M 和 $W_z = \dfrac{3a^3}{6}$ 代入，可得

$$\sigma_{\min} = \frac{310 + 158.4a}{3a} - \frac{548}{\dfrac{3a^2}{6}} = 0$$

从而解得 $a = 3.68$ m，取 $a = 3.7$ m。

（2）在基础底面上产生的最大压应力可以由式（9-5）中的另一式求得。

$$\sigma_{\min} = \frac{F_N}{A} + \frac{M}{W_z} = \frac{310 + 158.4 \times 3.7}{3 \times 3.7} + \frac{548 \times 6}{3 \times 3.7^2} = 0.161 \text{ (kPa)}$$

例 9-4　如图 9-14 所示钻床，当它工作时，钻孔进给力 $P = 2$ kN。已知力 P 的作用线与立柱轴线间的距离为 $e = 180$ mm，立柱的横截面为外径 $D = 40$ mm，内径 $d = 30$ mm 的空心圆，材料的许用应力 $[\sigma] = 100$ MPa。试校核此钻床立柱的强度。

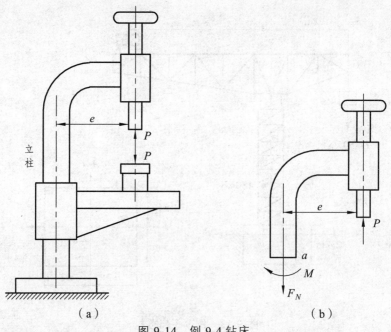

图 9-14　例 9-4 钻床

解：对于钻床立柱来说，外力 P 是偏心的拉力。如图 9-14（b）所示，它将使立柱受到偏心拉伸，在立柱任一横截面上产生的内力是：

轴力：$F_N = P = 2\ 000\ \text{N}$

弯矩：$M = Pe = 2\ 000 \times 0.18 = 360\ (\text{N} \cdot \text{m})$

因轴向拉力 F_N 与弯矩 M 都会使横截面的内侧边缘的点 a 处产生拉应力，并使该处的拉应力最大，应对其进行强度校核。

$$\sigma_a = \sigma_{\max} = \left| \frac{F_N}{A} + \frac{M}{W_z} \right|$$

$$= \frac{2\ 000}{\frac{\pi}{4}(40^2 - 30^2) \times 10^{-6}} + \frac{2\ 000 \times 0.18 \times \frac{40}{2} \times 10^{-3}}{\frac{\pi}{4}(40^4 - 30^4) \times 10^{-12}}$$

$$= 3.64 \times 10^6 + 83.2 \times 10^6$$

$$= 87.46\ (\text{MPa}) < [\sigma] = 100\ (\text{MPa})$$

满足强度要求。

9.4　弯曲与扭转的组合

第 3 章研究杆件的扭转时只考虑了扭矩对杆的作用。实际上，工程中的许多受扭杆件，在发生扭转变形的同时，还常会发生弯曲变形，当这种弯曲变形不能忽略时，应按弯曲与扭转的组合变形问题来处理。如图 9-3（d）所示卷扬机轴，绳子的拉力会使机轴发生扭转以外还将使机轴发生弯曲。如图 9-15 所示传动轴，在两个轮子的边缘上作用有沿切线方向的力 P_1 和 P_2，这些力不但会使轴发生扭转，同时还会使它发生弯曲。本节将以圆截面杆为研究对象，介绍杆件在扭转与弯曲组合变形情况下的强度计算问题。

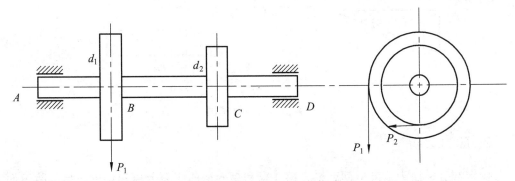

图 9-15　传动轴受力

1. 内力计算

如图 9-16（a）所示构件，A 端为固定端约束，C 端作用一外力 F。将 F 向右端

截面的 B 点简化，此时 AB 段同时承受转矩和横向力作用，如图 9-16（b）所示，横向力 F 引起杆 AB 产生平面弯曲，力偶矩 $M = F \cdot a$ 引起杆 AB 产生扭转变形。所以构件 AB 为扭转和弯曲的组合变形。

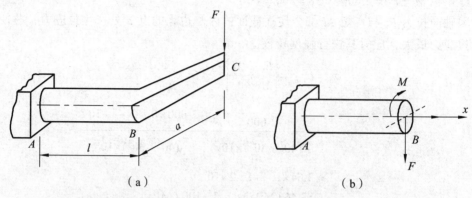

图 9-16　构件 AB 扭转和弯曲组合变形

为了方便求构件 AB 在组合变形情况下的内力，现用叠加法将如图 9-16（b）所示荷载分解为如图 9-17 所示情况，并根据求内力的方法分别画出荷载单独作用下的内力图。结合分析内力图可知，固定端 A 截面为危险截面。现需要找出危险截面上的危险点，只要危险点处的应力满足强度条件，则构件安全。

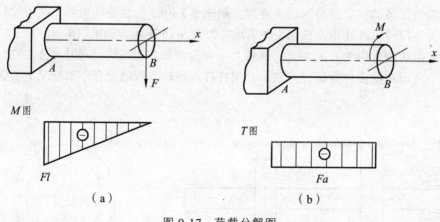

图 9-17　荷载分解图

2. 应力分析

固定端 A 截面为危险截面，结合第 4 章和第 6 章的应力分析知识可得出危险截面应力分析图，如图 9-18 所示。从图中可以看出，危险截面上的最大弯曲拉应力 σ_t、压应力 σ_c 分别发生在 C_1、C_2 点处，最大扭转切应力 τ 发生在截面圆周边上的各点处。综合危险截面上各点的应力可知，危险截面上的危险点为 C_1 和 C_2 点。

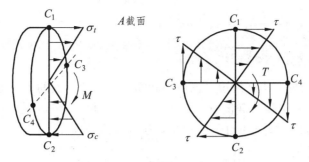

图 9-18　危险截面应力分析

对于许用拉、压应力相等的材料，可取任意点 C_1 点来研究。围绕 C_1 点取一单元体，单元体同时受拉应力和切应力的作用，且 C_1 点处于平面应力状态，如图 9-19 所示。

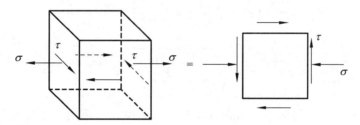

图 9-19　单元体平面受拉应力和切应力作用

其中，σ 的值为如图 9-17 所示危险截面处弯矩 M 引起的正应力值，即

$$\sigma = \frac{M_{\max}}{W_z}$$

τ 的值为危险截面处扭矩 T 引起的切应力值，即

$$\tau = \frac{T}{W_P}$$

式中，W_z、W_p 分别为杆件的抗弯截面系数和抗扭截面系数，根据杆件截面形状的不同，其值不同。

3. 强度分析

由第 8 章式（8-8）求主应力值的公式可得出如图 9-19 所示应力状态下的主应力值，即

$$\begin{matrix} \sigma_1 \\ \sigma_3 \end{matrix} = \frac{\sigma}{2} \pm \sqrt{\left(\frac{\sigma}{2}\right)^2 + \tau^2} = \frac{\sigma}{2} \pm \frac{1}{2}\sqrt{\sigma^2 + 4\tau^2} \tag{9-10}$$

由此可计算出 σ_1 和 σ_3 的值，根据平面应力状态图解法可知 $\sigma_2 = 0$。将计算出的各主应力值代入第三、第四强度理论，计算相当应力分别为

$$\sigma_{r3} = \sigma_1 - \sigma_3 = \sqrt{\sigma^2 + 4\tau^2}$$

$$\sigma_{r4} = \sqrt{\sigma^2 + 3\tau^2} \qquad\qquad (9\text{-}11)$$

该公式适用于如图 9-19 所示平面应力状态。σ 是危险点的正应力，τ 是危险点的切应力。横截面不限于圆形截面。

对于圆形截面杆，式（9-11）中的 W_p、W_z 有如下关系：

$$W_P = 2W_z = \frac{\pi d^3}{16}$$

弯、扭组合变形时，将式（9-11）的相应的相当应力表达式可改写为

$$\sigma_{r3} = \sqrt{\sigma^2 + 4\tau^2} = \sqrt{\left(\frac{M}{W_z}\right)^2 + 4\left(\frac{T}{W_P}\right)^2} = \frac{\sqrt{M^2 + T^2}}{W_z}$$

$$\sigma_{r4} = \sqrt{\sigma^2 + 3\tau^2} = \sqrt{\left(\frac{M}{W_z}\right)^2 + 3\left(\frac{T}{W_P}\right)^2} = \frac{\sqrt{M^2 + 0.75T^2}}{W_z} \qquad (9\text{-}12)$$

式中，M、T 分别为危险截面的弯矩和扭矩。以上两式只适用于弯扭组合变形下的圆截面杆。

4. 强度校核

当构件处在扭转和弯曲组合变形的情况时，其中的单元体一般是处在复杂应力状态之下。故对这类构件进行强度校核时，首先应计算出危险截面上某些危险点处的主应力，再根据所选的强度理论，列出相应的强度条件，进行强度校核。

例 9-5 如图 9-20 所示电动机带动一圆轴 AB，在中点处安装一重 $Q = 5\,\text{kN}$，直径为 1.2 m 的皮带轮，$l = 1.2\,\text{m}$，皮带轮的紧边张力 $F_1 = 6\,\text{kN}$，松边张力 $F_2 = 3\,\text{kN}$，若轴的许用应力 $[\sigma] = 50\,\text{MPa}$。试按第三强度理论确定轴的直径。

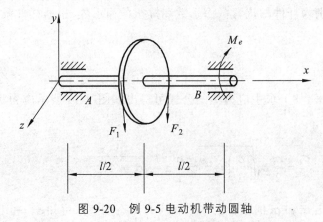

图 9-20　例 9-5 电动机带动圆轴

解：（1）计算 AB 轴的外力，将力向轴的形心简化，如图 9-21（a）所示。

轴承受横向力 F 和扭转力偶矩 M_e 的作用，F 和 M 的值为

$$F = Q + F_1 + F_2 = 5 + 6 + 3 = 14 \text{ (kN)}$$

$$M = (F_1 - F_2)\frac{D}{2} = (6-3) \times \frac{1.2}{2} = 1.8 \text{ (kN·m)}$$

（2）作轴力的内力图，确定危险截面。

从图 9-21（b）中可见 AB 轴的中点截面右侧为危险截面，其上内力为

$$M_{max} = \frac{Fl}{4} = 4.2 \text{ kN·m}$$

$$T_{max} = -1.8 \text{ kN·m}$$

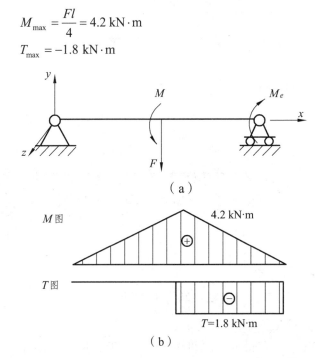

（a）

（b）

图 9-21　电动机带动圆轴的简化与内力图

（3）计算轴的直径。

轴为圆截面，并产生弯、扭组合变形，由第三强度理论可得

$$\sigma_{r3} = \frac{1}{W_z}\sqrt{M^2 + T^2} \leqslant [\sigma]$$

$$W_z \geqslant \frac{\sqrt{{M_{max}}^2 + {T_{max}}^2}}{[\sigma]}, \quad W_z = \frac{\pi d^3}{32}$$

代入各数值，解得 $d \geqslant 97.6 \text{ mm}$，圆整为 98 mm。

例 9-6　如图 9-22 所示，AB 为一钢制实心轴，轴上的齿轮 C 作用有铅锤切向力 5 kN，径向力 1.82 kN，齿轮 D 作用有水平切向力 10 kN，径向力 3.64 kN。齿轮 C 的节圆直径 $d_C = 400 \text{ mm}$，齿轮 D 的节圆直径 $d_D = 200 \text{ mm}$。已知轴的直径 $d = 52 \text{ mm}$，许用应力 $[\sigma] = 100 \text{ MPa}$，试校核该轴的强度。

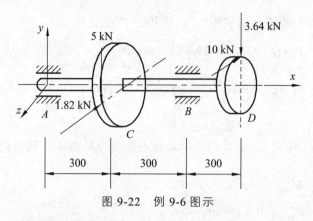

图 9-22　例 9-6 图示

（1）作 *AB* 轴的受力简化图。

将 *C*、*D* 齿轮上的各个作用力向轴心简化，其受力简图如图 9-23 所示。

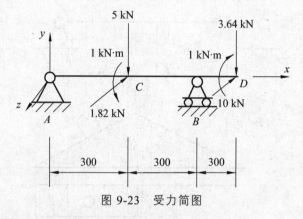

图 9-23　受力简图

（2）内力分析，确定危险截面。

轴除受扭矩作用外，在铅垂平面和水平平面均有横向力的作用。为了计算方便，需分别对不同平面上的横向力引起的弯曲变形进行计算。

铅垂平面 *xAy* 平面内的弯矩图 M_z，如图 9-24 所示。

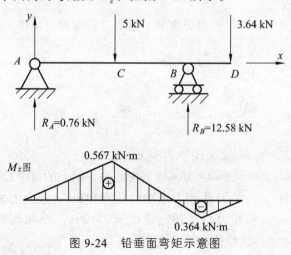

图 9-24　铅垂面弯矩示意图

- 204 -

水平平面 xAz 平面内的弯矩图 M_y ，如图 9-25 所示。

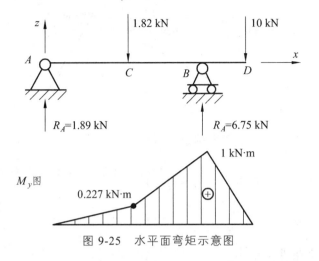

图 9-25　水平面弯矩示意图

外力偶矩单独作用时，梁的简化图及扭矩图，如图 9-26 所示。

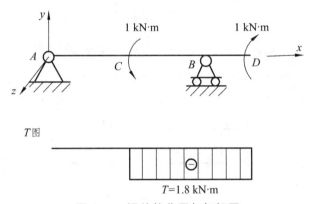

图 9-26　梁的简化图与扭矩图

从集合弯矩图和扭矩图中可知，危险截面可能在 C 截面或 B 截面。一般各个横截面在竖直方向和水平方向的弯矩都互不相同，而对于圆形截面轴，截面上的任一直径都是形心主轴，截面对任一直径的抗弯截面模量都相等，故可将各个截面上的总弯矩都画在同一平面内，用类似的计算方法也可求出在机轴各个横截面上的剪力。

则 C、B 截面的总弯矩为

$$M = \sqrt{M_z^2 + M_y^2}$$

对 C 截面，

$$M_C = \sqrt{M_{xC}^2 + M_{yC}^2} = \sqrt{0.567^2 + 0.227^2} = 0.611 \, (\text{kN} \cdot \text{m})$$

对 B 截面，

$$M_B = \sqrt{M_{xB}^2 + M_{yB}^2} = \sqrt{0.364^2 + 1^2} = 1.064 \, (\text{kN} \cdot \text{m})$$

轴的总弯矩图如图 9-27 所示。

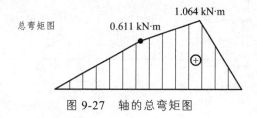

图 9-27 轴的总弯矩图

结合轴的总弯矩图和扭矩图可确定 B 截面为危险截面。

（3）强度校核。

根据上述分析，按第四强度理论进行校核。

$$\sigma_{r,4} = \frac{\sqrt{M^2 + 0.75T^2}}{W} = 99.4 \text{ MPa} \leqslant [\sigma]$$

所以满足强度条件。

习　题

（1）什么叫组合变形？

（2）如图 9-28 所示结构由三段组成，AB 杆为 y 方向，BC 杆为水平 x 方向，CD 为水平 z 方向。三杆在 P_1、P_2 共同作用下，试分析各为何种组合变形。

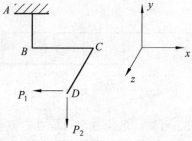

图 9-28 习题（2）图示

（3）如图 9-29 所示木悬臂梁，梁长 $l = 2$ m，矩形截面 $b \times h = 0.2$ m$\times 0.3$ m，集中荷载 $P = 1$ kN，在矩形截面内与 y 轴夹角为 α，

① 计算 α 为 0°和 90°时的最大拉应力，并指出最大拉应力发生在什么地方。

② 计算 α 为 45°时的最大拉应力，并指出最大拉应力发生在什么地方。

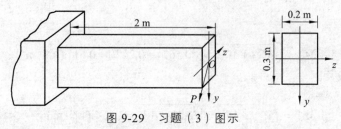

图 9-29 习题（3）图示

（4）如图 9-30 所示简支梁，选用了 25a 号工字钢。已知作用在跨中的集中荷载 $P=5\,\mathrm{kN}$，荷载 P 的作用线与截面的竖直主轴间的夹角 $\alpha=30°$，钢材的弹性模量 $E=210\,\mathrm{GPa}$，许用应力 $[\sigma]=160\,\mathrm{MPa}$，梁的许可挠度 $[f]=\dfrac{l}{500}$。试对此梁进行强度校核和刚度校核。

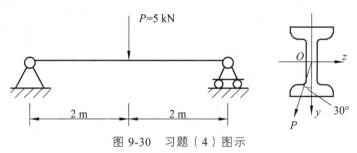

图 9-30　习题（4）图示

（5）如图 9-31 所示链条中的一环，受到拉力 $P=10\,\mathrm{kN}$ 的作用。已知链环的横截面为直径 $d=40\,\mathrm{mm}$ 的圆形，材料的许用应力 $[\sigma]=70\,\mathrm{MPa}$。试校核链条的强度。

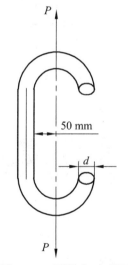

图 9-31　习题（5）图示

（6）受拉构件形状如图 9-32 所示，已知截面尺寸为 $40\,\mathrm{mm}\times5\,\mathrm{mm}$，通过轴线的拉力 $P=12\,\mathrm{kN}$。现拉杆开有切口，如不计应力集中影响，当材料的 $[\sigma]=100\,\mathrm{MPa}$ 时，试确定切口的最大许可深度，并绘出切口截面的应力变化图。

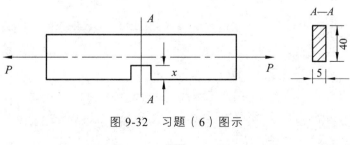

图 9-32　习题（6）图示

（7）手摇绞车如图 9-33 所示，轴的直径为 $d = 25\,\text{mm}$，$[\sigma] = 70\,\text{MPa}$。试按第三强度理论求绞车的最大起吊自重 P。

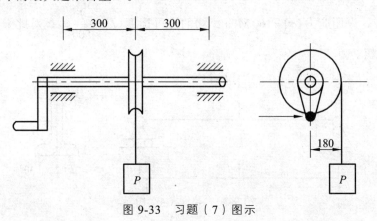

图 9-33　习题（7）图示

第 10 章　压杆的稳定性

10.1　压杆稳定性简介

1. 失稳的状态

为什么在低碳钢和铸铁轴向压缩试验中选择短柱作为试件？因为细长杆件受压时，强度不是影响其工作能力的主要因素，必须考虑其保持直线状态平衡的能力。构件受外力作用而处于平衡状态时，它的平衡可能是稳定的，也可能是不稳定的，如图10-1所示。稳定和不稳定在不同的受力条件下，是可以转换的。

本章重点讨论压杆的稳定性与外荷载的关系。所谓的**稳定性**就是结构或者物体保持或者恢复原有平衡状态的能力。当轴向压力超过一定数值时，压杆的平衡由稳定向不稳定转变，这个荷载称为临界荷载 F_{cr}。

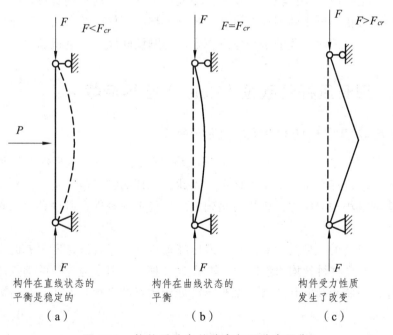

构件在直线状态的　　　构件在曲线状态的　　　构件受力性质
平衡是稳定的　　　　　平衡　　　　　　　　发生了改变
　（a）　　　　　　　　（b）　　　　　　　　（c）

图 10-1　构件受外力的稳定与不稳定平衡

1）压杆稳定

当 F 小于 F_{cr} 时，直杆在压力作用下，保持原直线状态的性质，称为稳定平衡，如图 10-1（a）所示。这时给杆件一个横向扰动，杆件仍能恢复原来的平衡状态（轴向平衡）。

2）失稳（屈曲）

当 $F \geqslant F_{cr}$ 时，直杆处于不稳定平衡，如图 10-1（b）、图 10-1（c）所示。这时，压杆丧失其直线形状的平衡而过渡为曲线平衡。杆件既能在轴线上达到平衡，又能在弯曲状态下达到平衡（$F = F_{cr}$）。这时，给杆件一个横向扰动，杆件由轴向平衡转向弯曲状态，从而造成失稳。也就是说对于压杆，当压力 F 达到或超过 F_{cr} 时，在外来扰动的作用下，压杆不能保持原有的直线平衡状态，称为**失稳**。

2. 临界应力

F_{cr} 是压杆保持直线平衡构形所能承受的最大荷载，**即临界荷载**。临界应力为

$$\sigma_{cr} = \frac{F_{cr}}{A} \tag{10-1}$$

细长压杆失稳破坏时，横截面上的压应力小于极限强度（屈服强度或强度极限），有时甚至小于比例极限。解决压杆稳定问题的关键：

（1）确定压杆的临界荷载。

（2）将压杆的工作压力控制在由临界荷载所确定得许可范围内。

历史上，由于没有考虑稳定性要求，酿成灾难性事故的示例是很多的。例如，瑞士孟汉希银坦大桥，由于两列火车行驶，桥梁桁架的压杆突然弯曲失稳而被破坏，造成 200 多人死亡。因此，我们必须像重视强度、刚度问题一样重视稳定性问题。

10.2 细长压杆的欧拉（Euler）临界荷载

1. 两端球铰细长压杆的欧拉临界荷载

对于细长压杆来说，当轴向压力 F 等于临界荷载 F_{cr} 时，压杆在直线平衡构形附近无穷小的邻域内存在微弯的平衡构形。因此，压杆的临界荷载是使压杆在微弯状态下保持平衡的最小轴向压力。临界力是确定压杆稳定的条件，所以必须认真研究细长压杆的临界力。

临界荷载求解的模型为理想压杆，即压杆轴线是理想直线，压力 F 的作用线与轴线完全重合，而且材料是均匀连续的。如图 10-2 所示，两端为球铰的细长压杆承受轴力 F 的作用。在临界荷载作用下，细长压杆处于微弯的平衡状态。

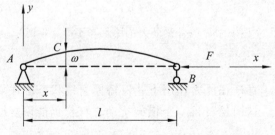

图 10-2　两端球铰细长压杆的欧拉临界荷载

假设力 F 已经达到临界值 F_{cr}，且压杆处于弯曲平衡状态，现在分析此时杆的挠曲线满足什么条件。考察 C 点有

$$EI\frac{\mathrm{d}^2\omega}{\mathrm{d}x^2} = M(x) = -F\omega$$

因为是球铰，杆在抗弯能力最弱的纵向平面内弯曲。即上式中的 I 应取最小值 $I_{\min}$。如对于矩形截面梁有 $I_{\min} = b^3 h/12$，其中 $h > b$。

令

$$k^2 = \frac{F}{EI}$$

则压杆的平衡微分方程可化为

$$\frac{\mathrm{d}^2\omega}{\mathrm{d}x^2} + k^2\omega = 0, \quad k^2 = \frac{F_{cr}}{EI}$$

在压杆稳定性问题中，若杆内的应力不超过材料的比例极限，称为线弹性稳定问题。距原点为 x 的任一截面的挠度为 ω，则该截面得弯矩为 $M(x) = F_{cr}\omega$。

代入挠曲线近似微分方程，即

$$\frac{\mathrm{d}^2\omega}{\mathrm{d}x^2} = -\frac{M(x)}{EI}$$

得方程通解为

$$\omega = A\sin kx + B\cos kx$$

其中，A、B 为待定常数。

由球铰的位移边界条件有

$$\omega(0) = \omega(l) = 0$$

代入通解：

$$\begin{cases} A\cdot 0 + B\cdot 1 = 0 \\ A\sin kl + B\cos kl = 0 \end{cases}$$

方程有非零解的条件：

$$\begin{vmatrix} 0 & 1 \\ \sin kl & \cos kl \end{vmatrix} = 0$$

$$\sin kl = 0$$

于是，解为

$$k = \frac{n\pi}{l} \quad (n = 0,1,2,\cdots)$$

又因为

$$k^2 = \frac{F}{EI}$$

所以

$$F = \frac{n^2\pi^2 EI}{l^2} \quad (n = 0, 1, 2, \cdots)$$

最小值即为临界荷载：

$$F_{cr} = \frac{\pi^2 EI}{l^2} \tag{10-2}$$

这就是两端球铰细长压杆的欧拉临界荷载。

对应的压杆的挠曲线为

$$\omega(x) = A\sin kx = A\sin\frac{\pi x}{l} \tag{10-3}$$

这时的状态被称为屈曲模态。

2. 一端固定，一端球铰细长压杆的临界荷载

如图 10-3 所示，一端固定一端球铰的细长压杆，设在临界荷载 F 作用下处于微弯平衡。

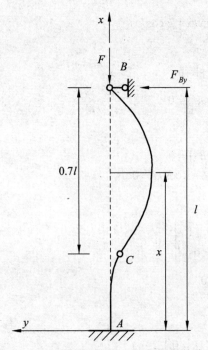

图 10-3　细长压杆处于微弯平衡状态

考察点 (x, y) 有

$$M(x) = F_{By}(l - x) - Fy$$

代入挠曲线微分方程有

$$\frac{\mathrm{d}^2 \omega}{\mathrm{d}x^2} = \frac{F_{By}(l - x) - Fy}{EI}$$

令

$$k^2 = \frac{F}{EI}$$

则有

$$\frac{\mathrm{d}^2 \omega}{\mathrm{d}x^2} + k^2 y = \frac{F_{By}(l - x)}{EI}$$

其通解为

$$\omega = A \sin kx + B \cos kx + \frac{F_{By}}{F}(l - x)$$

$$\omega = A \sin kx + B \cos kx + \frac{F_{By}}{F}(l - x)$$

所以

$$\theta = \frac{\mathrm{d}\omega}{\mathrm{d}x} = A \cos kx - B \sin kx - \frac{F_{By}}{F}$$

由位移边界条件有

$$y(0) = \theta(0) = y(l) = 0$$

分别代入上面两式：

$$\begin{cases} 0 \cdot A + 1 \cdot B + l \cdot \dfrac{F_{By}}{F} = 0 \\[2mm] k \cdot A - 0 \cdot B - 1 \cdot \dfrac{F_{By}}{F} = 0 \\[2mm] \sin kl \cdot A + \cos kl \cdot B + 0 \cdot \dfrac{F_{By}}{F} = 0 \end{cases}$$

A、B、F_{By} 有非零解的条件：

$$\begin{vmatrix} 0 & 1 & l \\ k & 0 & -1 \\ \sin kl & \cos kl & 0 \end{vmatrix} = 0$$

$$\begin{cases} 0 \cdot A + 1 \cdot B + l \cdot \dfrac{F_{By}}{F} = 0 \\[2mm] k \cdot A - 0 \cdot B - 1 \cdot \dfrac{F_{By}}{F} = 0 \\[2mm] \sin kl \cdot A + \cos kl \cdot B + 0 \cdot \dfrac{F_{By}}{F} = 0 \end{cases}$$

即

$$\tan kl = kl$$

由图解法有

$$k \approx 4.5 / l$$

代入

$$k^2 = F / EI$$

得

$$F_{cr} \approx \frac{\pi^2 EI}{(0.7l)^2} \tag{10-4}$$

这就是一端固定一端球铰细长压杆的欧拉临界荷载。

3. 其他杆端约束下细长压杆的临界荷载

临界荷载的拐点确定法，如图 10-3 所示一端固定，一端铰支的细长压杆，其拐点位于离铰支座 0.7l 处。得到

$$F_{cr} \approx \frac{\pi^2 EI}{(0.7l)^2}$$

拐点处弯矩为零，所以可看成长度为 0.7l 的两端球铰的情况。如图 10-4 所示。

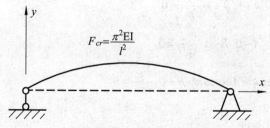

图 10-4　两端球铰的细长压杆

类似的，可以得到如图 10-5 所示，一端自由一端固定的细长压杆的临界荷载为

$$F_{cr} = \frac{\pi^2 EI}{(2l)^2} \qquad\qquad (10\text{-}5)$$

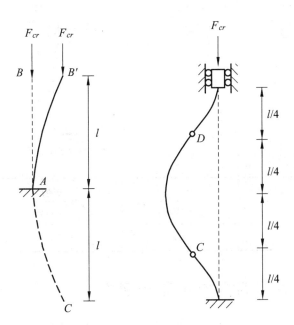

图 10-5　一端自由一端固定的细长压杆受力状态

一端滑动固定一端固定的细长压杆的临界荷载为

$$F_{cr} = \frac{\pi^2 EI}{(0.5l)^2} = \frac{4\pi^2 EI}{l^2} \qquad\qquad (10\text{-}6)$$

不同杆端约束下细长压杆的临界荷载可统一写为

$$F_{cr} = \frac{\pi^2 EI}{(\mu l)^2} \qquad\qquad (10\text{-}7)$$

其中，μ 表示杆端约束情况，它反映了杆端不同支座情况对临界压力的影响，称为长度系数；μl 表示把压杆折算成两端铰支的长度，称为相当长度。

用类比法将细长压杆在不同约束条件下，屈曲后的正弦半波长度与两端铰支细长压杆屈曲时的正弦半波进行比较，从而确定各种支承约束条件下等截面细长压杆临界荷载的欧拉公式如表 10-1 所示。

表 10-1　压杆受压情况

支承情况	两端铰支	一端固定 另端铰支	两端固定	一端固定 另端自由
失稳时 挠曲线形状			C—挠曲线拐点	C、D—挠曲线拐点
临界荷载 F_{cr} 的欧拉公式	$F_{cr} = \dfrac{\pi^2 EI}{l^2}$	$F_{cr} \approx \dfrac{\pi^2 EI}{(0.7l)^2}$	$F_{cr} \approx \dfrac{\pi^2 EI}{(0.5l)^2}$	$F_{cr} \approx \dfrac{\pi^2 EI}{(2l)^2}$
长度系数 μ	1	0.7	0.5	2

10.3　中、小柔度压杆的临界应力

欧拉临界应力公式为

$$\sigma_{cr} = \frac{F_{cr}}{A} = \frac{\pi^2 EI}{A(\mu l)^2} = \frac{\pi^2 E}{(\mu l/i)^2} \tag{10-8}$$

式中，A 为压杆的横截面面积，i 为横截面的最小惯性半径，即

$$i = i_{min}$$

如 $h > b$ 的矩形截面的最小惯性半径为

$$i_{min} = \sqrt{\frac{I_{min}}{A}} = \frac{b}{2\sqrt{3}}$$

令

$$\lambda = \frac{\mu l}{i_{min}}$$

λ 被称为压杆的柔度或长细比。柔度是一个无量纲量，它综合反映了压杆长度、约束条件、截面形状尺寸对临界应力的影响。

因此欧拉临界应力转化为

$$\sigma_{cr} = \frac{\pi^2 E}{\lambda^2} \qquad (10\text{-}9)$$

从上式可知，柔度越大，临界应力就越小杆件越容易失稳。

一般来说，压杆在不同纵向平面内具有不同的柔度值，压杆的临界应力应该按最大柔度值来计算。

欧拉临界应力公式适用于压应力小于比例极限 σ_P 的场合。因为

$$\sigma_{cr} = \frac{\pi^2 E}{\lambda^2} \leqslant \sigma_p \qquad (10\text{-}10)$$

得到

$$\lambda \geqslant \sqrt{\frac{\pi^2 E}{\sigma_p}}$$

令

$$\lambda_p = \sqrt{\frac{\pi^2 E}{\sigma_p}}$$

当 $\lambda \geqslant \lambda_p$ 时，称为大柔度杆（或者细长杆）。欧拉临界应力公式适用于大柔度杆。从生活经验可知，λ_p 的大小与材料性质有关。例如，对于 Q235 钢：$\sigma_p = 200 \text{ MPa}$，$E = 200 \text{ GPa}$，则

$$\lambda_p = \sqrt{\frac{\pi^2 \times 200 \times 10^9}{200 \times 10^6}} \approx 100$$

对于 Q235 钢制成的压杆，只有柔度大于 100 时，才能应用欧拉临界应力公式。

当 $\lambda \leqslant \lambda_p$ 时，为中柔度压杆或中长压杆。

此时中长压杆的临界应力超过了比例极限，因此欧拉公式不适用。一般由直线或者抛物线经验公式计算。

中长压杆的临界应力的直线经验计算公式：

$$\sigma_{cr} = a - b\lambda \qquad (10\text{-}11)$$

适用范围：

$$\sigma_{cr} = a - b\lambda \leqslant \sigma_s$$

令

$$\lambda_s = \frac{a - \sigma_s}{b}$$

则当 $\lambda_s \leqslant \lambda \leqslant \lambda_p$ 时，压杆称为中柔度压杆或中长压杆。其中，a、b 为常数，与材料性能有关，单位：MPa。几种常用材料的相关数据见表 10-2。

当 $\lambda \leqslant \lambda_s$ 时，称为短粗杆。短粗杆只有强度问题，没有稳定性问题。

表 10-2　几种常用材料的相关数据

材料	a/MPa	b/MPa	λ_P	λ_s
碳钢（Q235 钢）$\begin{matrix}\sigma_b \geqslant 372 \\ \sigma_s = 235\end{matrix}$	304	1.12	104	61.4
碳钢（优质）$\begin{matrix}\sigma_b = 470 \\ \sigma_s = 306\end{matrix}$	460	2.57	100	60
硅钢	577	3.74	100	60
铬钼钢	980	5，29	55	0
硬铝	372	2.14	50	0
灰口铸铁	311.9	1.453		
松木	39.2	0.199	59	

综上所述，按压杆的柔度将其分为三种类型，如图 10-6 所示。对于每一种压杆，其临界应力计算公式分别如下。

（1）对于大柔度杆（即细长杆），$\lambda \geqslant \lambda_P$，欧拉公式适用。

$$\sigma_{cr} = \frac{\pi^2 E}{\lambda^2}$$

（2）对于中柔度杆（即中长杆），$\lambda_P > \lambda > \lambda_s$，直线型经验公式适用。

$$\sigma_{cr} = a - b\lambda$$

（3）对于小柔度杆（即短粗杆），$\lambda \leqslant \lambda_s$，按照压缩强度公式进行计算，使 $\sigma_{cr} = \dfrac{F}{A} \leqslant \sigma_s$。

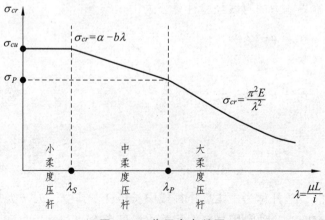

图 10-6　临界应力总图

在稳定计算中，无论使用欧拉公式还是经验公式，都是以杆件的整体变形为基础。因螺栓、螺钉孔的局部削弱处对杆件的整体变形影响很小，所以在计算临界应力时，面积 A、惯性矩 I 可采用没有变形的横截面进行计算。这一部分的计算与前面第 2 章计算杆件压缩强度时的方法不同，对杆件压缩强度进行计算时，横截面积需采用变形后的面积。

例 10-1　由 Q235 钢制成的矩形截面压杆，两端用销钉支承，如图 10-7 所示。已知 $a = 40 \text{ mm}$，$b = 60 \text{ mm}$，$l = 2.1 \text{ m}$，$l_1 = 2 \text{ m}$，$E = 205 \text{ GPa}$，$\sigma_P = 200 \text{ MPa}$。求临界压力。

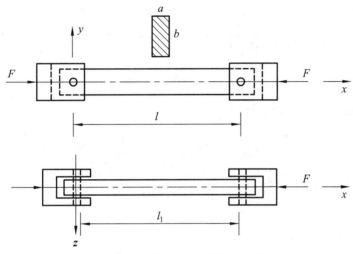

图 10-7　例 10-1 矩形截面压杆

解：先求压杆的柔度。不同纵向面内柔度不同，在 xy 平面内：$\mu = 1$，

$$i_z = \sqrt{\frac{I_z}{A}} = \sqrt{\frac{b^3 a}{12ab}} = \frac{b}{2\sqrt{3}} = \frac{60}{2\sqrt{3}} \text{ mm} = 17.32 \text{ mm}$$

$$\lambda_z = \frac{\mu l}{i_z} = \frac{1 \times 2\,100}{17.32} = 121.2$$

在 xz 平面内：$\mu = 0.5$，

$$i_y = \sqrt{\frac{I_y}{A}} = \sqrt{\frac{a^3 b}{12ab}} = \frac{a}{2\sqrt{3}} = \frac{40}{2\sqrt{3}} \text{ mm} = 11.55 \text{ mm}$$

$$\lambda_y = \frac{\mu l_1}{i_y} = \frac{0.5 \times 2\,000}{11.55} = 86.6$$

压杆柔度：

$$\lambda_p = \sqrt{\frac{\pi^2 E}{\sigma_p}} = \sqrt{\frac{\pi^2 \times 205 \times 10^9}{200 \times 10^6}} = 100.6$$

所以

$$\lambda_{\max} = \lambda_z = 121.2 > \lambda_p$$

即该压杆为大柔度压杆。

用欧拉临界应力公式，可得

$$\sigma_{\mathrm{cr}} = \frac{\pi^2 E}{\lambda_z^2} = \frac{\pi^2 \times 205 \times 10^9}{121.2^2} = 137.7 \; (\mathrm{MPa})$$

$$F_{\mathrm{cr}} = \sigma_{\mathrm{cr}} \cdot A = 137.7 \times 40 \times 60 = 330.5 \; (\mathrm{kN})$$

10.4 压杆的稳定条件

1. 稳定条件

以应力形式表示的稳定条件为

$$\sigma \leqslant \frac{\sigma_{cr}}{n_{st}} = [\sigma_{st}] \tag{10-12}$$

以稳定安全系数形式表示的稳定条件为

$$F \leqslant \frac{F_{cr}}{n_{st}} = [F_{st}] \tag{10-13}$$

或

$$n = \frac{F_{cr}}{F} \geqslant n_{st} \tag{10-14}$$

式中，$[\sigma_{st}]$ 为稳定许用应力；F_{cr} 为临界压力；n 为工作安全系数；n_{st} 为规定的稳定安全系数，因受材料不均匀，支座缺陷，压力偏心等不可避免因素的影响，n_{st} 一般高于强度安全系数。例如金属结构的压杆 n_{st} 在 1.8 ~ 3.0 之间，机床丝杠为 2.5 ~ 4；高速发动机挺杆为 2 ~ 5；木材为 2.8 ~ 3.2。

对压杆进行稳定性计算时，一般不考虑铆钉孔或者螺栓孔对杆的局部削弱，但要校核此处的强度。

2. 折减系数法

为了计算简便，对压杆的稳定计算也可采用折减系数法。因为稳定许用应力 $[\sigma_{st}]$ 总小于强度的许用应力 $[\sigma]$，工程中常把两者表示为

$$[\sigma_{st}] = \varphi[\sigma] \tag{10-15}$$

其中，$[\sigma_{st}]$ 为许用压应力；φ 是折减系数，取值在 0 ~ 1。折减系数同时取决于材料性

质和压杆的柔度。根据折减系数法，压杆的稳定条件可写为

$$\sigma \leqslant \varphi[\sigma] \qquad (10\text{-}16)$$

稳定计算也和强度计算一样，可以解决三类问题：① 稳定校核；② 选择截面；③ 确定许用荷载。

例 10-2 如图 10-8 所示立柱，下端固定，上端受轴向压力 $F = 200\,\text{kN}$。立柱用工字钢制成，长 $l = 2\,\text{m}$，材料为 Q235 钢，许用应力 $[\sigma] = 160\,\text{MPa}$。在立柱中点横截面 C 处，因构造需要开一直径为 $d = 70\,\text{mm}$ 的圆孔。试选择工字钢号。

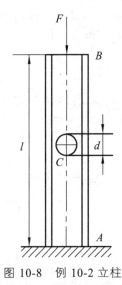

图 10-8　例 10-2 立柱

解：因为是受压立柱，应同时考虑立柱的强度和稳定性。根据稳定性条件有

$$A \geqslant \frac{F}{\varphi[\sigma]}$$

折减系数和截面面积（柔度）有关，而面积未知，因此需要进行试算。

（1）取 $\varphi_1 = 0.5$，则有

$$A \geqslant \frac{F}{\varphi[\sigma]} = \frac{200 \times 10^3}{0.5 \times 160 \times 10^6} = 2.5 \times 10^{-3}\ (\text{m}^2)$$

查型钢表，No.16 工字钢的横截面积：

$$A = 2.61 \times 10^{-3}\ \text{m}^2$$

$$i_{\min} = 18.9\ \text{mm}$$

如果选用该型号钢，则有

$$\lambda = \frac{\mu l}{i_{\min}} = \frac{2 \times 2}{0.018\,9} = 211$$

$$\sigma = \frac{F}{A} = \frac{200 \times 10^3}{2.61 \times 10^{-3}} = 76.6 \, (\text{MPa})$$

对于 $\lambda = 211$ 的折减系数为

$$\varphi_1' = 0.17$$

所以立柱的稳定许用应力为

$$[\sigma_{st}] = \varphi_1'[\sigma] = 0.17 \times 160 \times 10^6 = 27.2 \, (\text{MPa}) < \sigma$$

工作应力大于稳定许用应力很多，因此需要调整折减系数。

（2）取 φ 介于上述 φ_1 和 φ_1' 之间，取 $\varphi_2 = 0.3$。

则

$$A \geqslant \frac{200 \times 10^3}{0.30 \times 160 \times 10^6} = 4.17 \times 10^{-3} \, (\text{m}^2)$$

查表选 No22a 号钢：

$$A = 4.2 \times 10^{-3} \, \text{m}^2 \, ; \quad i_{\min} = 23.1 \, \text{mm}$$

则立柱的柔度为

$$\lambda = \frac{2 \times 2}{0.023\,1} = 173.2$$

查表有折减系数为

$$\varphi_2' = 0.24$$

则有

$$[\sigma_{st}] = 0.24 \times 160 \times 10^6 = 38.4 \, (\text{MPa})$$

$$\sigma = \frac{F_N}{A} = \frac{200 \times 10^3}{4.2 \times 10^{-3}} = 47.6 \, (\text{MPa}) > [\sigma_{st}]$$

仍需调整折减系数。

（3）取 φ 值位于 φ_2 和 φ_2' 之间：

$$\varphi_3 = 0.26$$

则得到

$$A \geqslant \frac{200 \times 10^3}{0.26 \times 160 \times 10^6} = 4.81 \times 10^{-3} \, (\text{m}^2)$$

选 No25a 钢：

$$A = 4.85 \times 10^{-3} \, \text{m}^2 \, ; \quad i_{\min} = 24.03 \, \text{mm}$$

则有

$$\lambda = \frac{2 \times 2}{0.024\ 03} = 166$$

查表得

$$\varphi_3' = 0.25$$

所以有

$$[\sigma_{st}] = 0.25 \times 160 \times 10^6 = 40\,(\text{MPa})$$

$$\sigma = \frac{F_N}{A} = \frac{200 \times 10^3}{4.85 \times 10^{-3}} = 41.2\,(\text{MPa}) > [\sigma_{st}]$$

超过量小于 5%，所以可以选用 No.25a 工字钢。

（4）强度校核。

对于 No25a 工字钢，腹板厚度：$\delta = 8\ \text{mm}$，则截面 C 的净面积：

$$A_c = A - \delta d = (4.85 \times 10^{-3} - 0.008 \times 0.070) = 4.29 \times 10^{-3}\,(\text{m}^2)$$

截面应力：

$$\sigma = \frac{F}{A_c} = \frac{200 \times 10^3}{4.29 \times 10^{-3}} = 46.6\,(\text{MPa}) < [\sigma]$$

所以强度条件也满足。

10.5 压杆的合理设计

从前面学到的知识，我们不难得出，影响压杆稳定性的因素有截面形状、压杆长度、约束条件及材料性质等。要提高压杆稳定性，也要从这几方面着手。

1. 合理选择材料

（1）细长压杆。

由式 $\sigma_{cr} = \dfrac{\pi^2 E}{\lambda^2}$ 可知，临界力只与弹性模量有关。由于各种钢材的 E 值大致相等，所以选用高强度钢或低碳钢对提高临界应力作用并无差别。

（2）中柔度杆。

由式 $\sigma_{cr} = a - b\lambda$ 可以看出，a 和 b 的值由屈服极限和比例极限确定，所以临界应力与材料的强度有关，针对中柔度压杆，采用高强度的材料，能提高临界应力，进而提高压杆的稳定性。

2. 合理选择截面

由

$$\sigma_{cr} = \frac{\pi^2 E}{\lambda^2}$$

$$\lambda = \mu l / i = \mu l \sqrt{A / I}$$

可以看出柔度越小，临界应力越大。面积不变的情况下，应该选择惯性矩比较大的截面。对于一定支持方式和长度的压杆，A/I 应尽可能大。压杆的承载能力取决于最小的惯性矩 I_{min}，当压杆各个方向的约束条件相同时，应使截面对两个形心主轴的惯性矩尽可能大，而且相等，如空心杆，圆筒和正方形箱形截面最为理想。同时要考虑失稳的方向性，尽量做到各个可能失稳方向的柔度大致相等。

如压杆两端为销铰支承，由于两个方向的 μ 不同，则应该选择 $I_y \neq I_z$ 的截面，使得两个方向上的柔度大致相等，来增大截面惯性矩 I，进而合理选择截面形状。即

$$\lambda_z = \left(\frac{\mu l}{i}\right)_z = \lambda_y = \left(\frac{\mu l}{i}\right)_y$$

由于型钢截面（工字钢、槽钢、角钢等）的两个形心主轴惯性矩相差较大，所以为了提高这类型钢截面压杆的承载能力，工程实际中常用几个型钢，通过缀板组成一个组合截面，来提高压杆的稳定性，如图 10-9 所示。需要注意的是，设计这种组合截面杆时，应注意控制两缀板之间的长度，以保证单个型钢的局部稳定性。

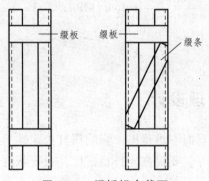

图 10-9　缀板组合截面

3. 改变压杆的约束条件

细长压杆的临界压力与相当长度的二次方成反比，所以增强对压杆的约束可极大地提高其临界压力。如采用稳定性比较好的约束方式，或者在压杆中间增添支座，都可以有效地提高压杆的稳定性。

工程中，为了减小柱子的长度，通常在柱子的中间设置一定形式的撑杆，它们与其他构件连接在一起后，对柱子形成支点，限制了柱子的弯曲变形，起到减小柱长的作用。对于细长杆，若在柱子中设置一个支点，则长度减小一半，而承载能力可增加到原来的 4 倍。如图 10-10 所示。

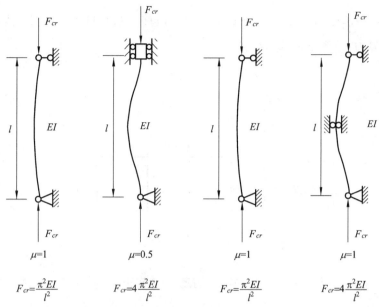

$\mu=1$ $\mu=0.5$ $\mu=1$ $\mu=1$

$$F_{cr}=\dfrac{\pi^2 EI}{l^2} \qquad F_{cr}=4\dfrac{\pi^2 EI}{l^2} \qquad F_{cr}=\dfrac{\pi^2 EI}{l^2} \qquad F_{cr}=4\dfrac{\pi^2 EI}{l^2}$$

图 10-10 压杆的约束增强提高稳定性

习　题

（1）由低碳钢制成的细长压杆，经冷作硬化后，其稳定性不变，强度提高。原因是因为低碳钢材料冷作硬化后，比例极限提高，弹性模量 E 不变，因此，强度提高，稳定性不变。这句话是否正确？

（2）两端铰支的压杆，是 22a 工字钢，长 $l=5\,\mathrm{m}$，已知材料的弹性模量 $E=2.0\times10^5\,\mathrm{MPa}$。试用欧拉公式求其临界力 F_{cr}。

（3）如图 10-11 所示，各压杆的材料及直径均相同，试判断哪一根最容易失稳，哪一根最不容易失稳。

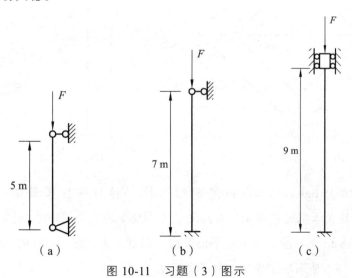

（a）　　　　　　（b）　　　　　　（c）

图 10-11 习题（3）图示

（4）如图 10-12 所示，长方形截面的细长压杆，$b/h=1/2$，如果 b 改成 h 后仍为细长杆，临界力 F_{cr} 是原来的多少倍？

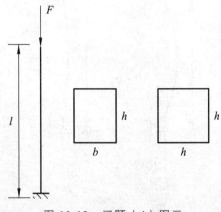

图 10-12　习题（4）图示

（5）如图 10-13 所示由 5 根直径 $d=60$ mm 的圆形钢杆组成边长为 $a=0.8$ m 的正方形结构，材料为 Q235 钢，试求该结构的许用荷载。

（6）如图 10-14 所示一端固定、另一端铰支的中心受压杆。该杆为空心圆管，外径 $D=25$ mm，内径 $d=15$ mm，长 $l=1$ m。材料为铝合金，$E=7.1\times10^5$ MPa，$\sigma_P=180$ MPa，规定的 $n_{st}=3$。试计算压杆的许可荷载。

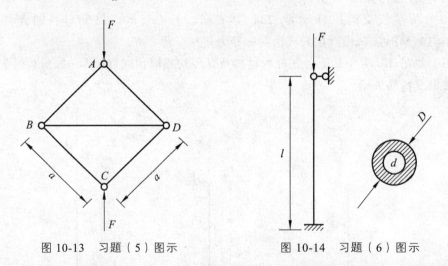

图 10-13　习题（5）图示　　　图 10-14　习题（6）图示

（7）截面为 100 mm×100 mm 的矩形木柱，材料弹性模量 $E=1\times10^4$ MPa，$\sigma_P=8$ MPa，其支承情况：在 xOz 平面失稳（即绕 y 轴失稳）时，柱的两端可视为固定端如图 10-15（a）所示，在 xOy 平面失稳（即绕 z 轴失稳）时柱的两端可视为铰支端如图 10-15（b）所示。试求该木柱的临界力。

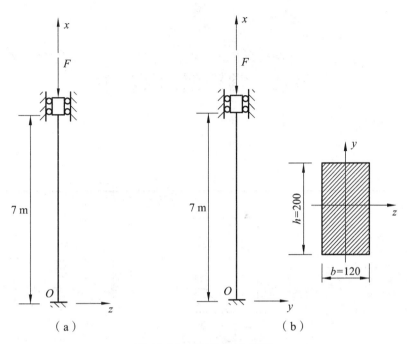

图 10-15 习题（7）图示

附录 常用型钢规格表

普通工字钢

符号：h—高度；
b—宽度；
t_w—腹板厚度；
t—翼缘平均厚度；
I—惯性矩；
W—截面模量

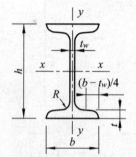

i—回转半径；
S_x—半截面的面积矩；
长度：
型号 10~18，长 5~19 m；
型号 20~63，长 6~19 m

型号		尺 寸					截面面积 /cm²	理论质量 /（kg/m）	x-x 轴				y-y 轴		
		h /mm	b /mm	t_w /mm	t /mm	R /mm			I_x /cm⁴	W_x /cm³	i_x /cm	I_x/S_x /cm	I_y /cm⁴	W_y /cm³	i_y /cm
10		100	68	4.5	7.6	6.5	14.3	11.2	245	49	4.14	8.69	33	9.6	1.51
12.6		126	74	5	8.4	7	18.1	14.2	488	77	5.19	11	47	12.7	1.61
14		140	80	5.5	9.1	7.5	21.5	16.9	712	102	5.75	12.2	64	16.1	1.73
16		160	88	6	9.9	8	26.1	20.5	1 127	141	6.57	13.9	93	21.1	1.89
18		180	94	6.5	10.7	8.5	30.7	24.1	1 699	185	7.37	15.4	123	26.2	2.00
20	a	200	100	7	11.4	9	35.5	27.9	2 369	237	8.16	17.4	158	31.6	2.11
	b		102	9			39.5	31.1	2 502	250	7.95	17.1	169	33.1	2.07
22	a	220	110	7.5	12.3	9.5	42.1	33	3 406	310	8.99	19.2	226	41.1	2.32
	b		112	9.5			46.5	36.5	3 583	326	8.78	18.9	240	42.9	2.27
25	a	250	116	8	13	10	48.5	38.1	5 017	401	10.2	21.7	280	48.4	2.4
	b		118	10			53.5	42	5 278	422	9.93	21.4	297	50.4	2.36
28	a	280	122	8.5	13.7	10.5	55.4	43.5	7 115	508	11.3	24.3	344	56.4	2.49
	b		124	10.5			61	47.9	7 481	534	11.1	24	364	58.7	2.44
32	a	320	130	9.5	15	11.5	67.1	52.7	11 080	692	12.8	27.7	459	70.6	2.62
	b		132	11.5			73.5	57.7	11 626	727	12.6	27.3	484	73.3	2.57
	c		134	13.5			79.9	62.7	12 173	761	12.3	26.9	510	76.1	2.53

型 号		尺 寸					截面面积 /cm²	理论质量 /（kg/m）	x-x 轴				y-y 轴		
		h /mm	b /mm	t_w /mm	t /mm	R /mm			I_x /cm⁴	W_x /cm³	i_x /cm	I_x/S_x /cm	I_y /cm⁴	W_y /cm³	I_y /cm
36	a		136	10			76.4	60	15 796	878	14.4	31	555	81.6	2.69
	b	360	138	12	15.8	12	83.6	65.6	16 574	921	14.1	30.6	584	84.6	2.64
	c		140	14			90.8	71.3	17 351	964	13.8	30.2	614	87.7	2.6
40	a		142	10.5			86.1	67.6	21 714	1 086	15.9	34.4	660	92.9	2.77
	b	400	144	12.5	16.5	12.5	94.1	73.8	22 781	1 139	15.6	33.9	693	96.2	2.71
	c		146	14.5			102	80.1	23 847	1 192	15.3	33.5	727	99.7	2.67
45	a		150	11.5			102	80.4	32 241	1 433	17.7	38.5	855	114	2.89
	b	450	152	13.5	18	13.5	111	87.4	33 759	1 500	17.4	38.1	895	118	2.84
	c		154	15.5			120	94.5	35 278	1 568	17.1	37.6	938	122	2.79
50	a		158	12			119	93.6	46 472	1 859	19.7	42.9	1 122	142	3.07
	b	500	160	14	20	14	129	101	48 556	1 942	19.4	42.3	1 171	146	3.01
	c		162	16			139	109	50 639	2 026	19.1	41.9	1 224	151	2.96
56	a		166	12.5			135	106	65 576	2 342	22	47.9	1 366	165	3.18
	b	560	168	14.5	21	14.5	147	115	68 503	2 447	21.6	47.3	1 424	170	3.12
	c		170	16.5			158	124	71 430	2 551	21.3	46.8	1 485	175	3.07
63	a		176	13			155	122	94 004	2 984	24.7	53.8	1 702	194	3.32
	b	630	178	15	22	15	167	131	98 171	3 117	24.2	53.2	1 771	199	3.25
	c		780	17			180	141	102 339	3 249	23.9	52.6	1 842	205	3.2

H 型钢

符号：h—高度；
　　　b—宽度；
　　　t_1—腹板厚度；
　　　t_2—翼缘厚度；
　　　I—惯性矩；
　　　W—截面模量

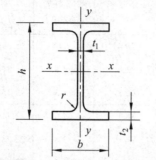

i—回转半径；
S_x—半截面的面积矩

类别	H 型钢规格 （ $h \times b \times t_1 \times t_2$ ）	截面积 A /cm²	质量 q /（kg/m）	x-x 轴			y-y 轴		
				I_x /cm⁴	W_x /cm³	i_x /cm	I_y /cm⁴	W_y /cm³	I_y /cm
HW	100×100×6×8	21.9	17.2 2	383	76.576.5	4.18	134	26.7	2.47
	125×125×6.5×9	30.31	23.8	847	136	5.29	294	47	3.11
	150×150×7×10	40.55	31.9	1 660	221	6.39	564	75.1	3.73
	175×175×7.5×11	51.43	40.3	2 900	331	7.5	984	112	4.37
	200×200×8×12	64.28	50.5	4 770	477	8.61	1 600	160	4.99
	#200×204×12×12	72.28	56.7	5 030	503	8.35	1 700	167	4.85
	250×250×9×14	92.18	72.4	10 800	867	10.8	3 650	292	6.29
	#250×255×14×14	104.7	82.2	11 500	919	10.5	3 880	304	6.09
	#294×302×12×12	108.3	85	17 000	1 160	12.5	5 520	365	7.14
	300×300×10×15	120.4	94.5	20 500	1 370	13.1	6 760	450	7.49
	300×305×15×15	135.4	106	21 600	1 440	12.6	7 100	466	7.24
	#344×348×10×16	146	115	33 300	1 940	15.1	11 200	646	8.78
	350×350×12×19	173.9	137	40 300	2 300	15.2	13 600	776	8.84
	#388×402×15×15	179.2	141	49 200	2 540	16.6	16 300	809	9.52
	#394×398×11×18	187.6	147	56 400	2 860	17.3	18 900	951	10
	400×400×13×21	219.5	172	66 900	3 340	17.5	22 400	1 120	10.1
	#400×408×21×21	251.5	197	71 100	3 560	16.8	23 800	1 170	9.73
	#414×405×18×28	296.2	233	93 000	4 490	17.7	31 000	1 530	10.2
	#428×407×20×35	361.4	284	119 000	5 580	18.2	39 400	1 930	10.4
HM	148×100×6×9	27.25	21.4	1 040	140	6.17	151	30.2	2.35
	194×150×6×9	39.76	31.2	2 740	283	8.3	508	67.7	3.57
	244×175×7×11	56.24	44.1	6 120	502	10.4	985	113	4.18
	294×200×8×12	73.03	57.3	11 400	779	12.5	1 600	160	4.69
	340×250×9×14	101.5	79.7	21 700	1 280	14.6	3 650	292	6
	390×300×10×16	136.7	107	38 900	2 000	16.9	7 210	481	7.26

类别	H型钢规格 ($h \times b \times t_1 \times t_2$)	截面积 A /cm²	质量 q /(kg/m)	x-x 轴			y-y 轴		
				I_x /cm⁴	W_x /cm³	i_x /cm	I_y /cm⁴	W_y /cm³	I_y /cm
HM	440×300×11×18	157.4	124	56 100	2 550	18.9	8 110	541	7.18
	482×300×11×15	146.4	115	60 800	2 520	20.4	6 770	451	6.8
	488×300×11×18	164.4	129	71 400	2 930	20.8	8 120	541	7.03
	582×300×12×17	174.5	137	103 000	3 530	24.3	7 670	511	6.63
	588×300×12×20	192.5	151	118 000	4 020	24.8	9 020	601	6.85
	#594×302×14×23	222.4	175	137 000	4 620	24.9	10 600	701	6.9
HN	100×50×5×7	12.16	9.54	192	38.5	3.98	14.9	5.96	1.11
	125×60×6×8	17.01	13.3	417	66.8	4.95	29.3	9.75	1.31
	150×75×5×7	18.16	14.3	679	90.6	6.12	49.6	13.2	1.65
	175×90×5×8	23.21	18.2	1 220	140	7.26	97.6	21.7	2.05
	198×99×4.5×7	23.59	18.5	1 610	163	8.27	114	23	2.2
	200×100×5.5×8	27.57	21.7	1 880	188	8.25	134	26.8	2.21
	248×124×5×8	32.89	25.8	3 560	287	10.4	255	41.1	2.78
	250×125×6×9	37.87	29.7	4 080	326	10.4	294	47	2.79
	298×149×5.5×8	41.55	32.6	6 460	433	12.4	443	59.4	3.26
	300×150×6.5×9	47.53	37.3	7 350	490	12.4	508	67.7	3.27
	346×174×6×9	53.19	41.8	11 200	649	14.5	792	91	3.86
	350×175×7×11	63.66	50	13 700	782	14.7	985	113	3.93
	#400×150×8×13	71.12	55.8	18 800	942	16.3	734	97.9	3.21
	396×199×7×11	72.16	56.7	20 000	1 010	16.7	1 450	145	4.48
	400×200×8×13	84.12	66	23 700	1 190	16.8	1 740	174	4.54
	#450×150×9×14	83.41	65.5	27 100	1 200	18	793	106	3.08
	446×199×8×12	84.95	66.7	29 000	1 300	18.5	1 580	159	4.31
	450×200×9×14	97.41	76.5	33 700	1 500	18.6	1 870	187	4.38
	#500×150×10×16	98.23	77.1	38 500	1 540	19.8	907	121	3.04
	496×199×9×14	101.3	79.5	41 900	1 690	20.3	1 840	185	4.27
	500×200×10×16	114.2	89.6	47 800	1 910	20.5	2 140	214	4.33
	#506×201×11×19	131.3	103	56 500	2 230	20.8	2 580	257	4.43
	596×199×10×15	121.2	95.1	69 300	2 330	23.9	1 980	199	4.04
	600×200×11×17	135.2	106	78 200	2 610	24.1	2 280	228	4.11
	#606×201×12×20	153.3	120	91 000	3 000	24.4	2 720	271	4.21
	#692×300×13×20	211.5	166	172 000	4 980	28.6	9 020	602	6.53
	700×300×13×24	235.5	185	201 000	5 760	29.3	10 800	722	6.78

注："#"表示的规格为非常用规格。

符号:
同普通工字钢,
但 W_y 为对应翼缘肢尖

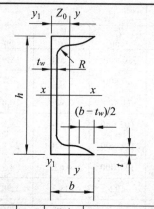

长度:
型号 5~8, 长 5~12 m;
型号 10~18, 长 5~19 m;
型号 20~20, 长 6~19 m

型号		尺寸/mm					截面面积/cm²	理论质量/(kg/m)	x-x 轴			y-y 轴			y-y1 轴	Z_0/cm
		h	b	t_w	t	R			I_x/cm⁴	W_x/cm³	i_x/cm	I_y/cm⁴	W_y/cm³	i_y/cm	I_{y1}/cm⁴	
5		50	37	4.5	7	7	6.92	5.44	26	10.4	1.94	8.3	3.5	1.1	20.9	1.35
6.3		63	40	4.8	7.5	7.5	8.45	6.63	51	16.3	2.46	11.9	4.6	1.19	28.3	1.39
8		80	43	5	8	8	10.24	8.04	101	25.3	3.14	16.6	5.8	1.27	37.4	1.42
10		100	48	5.3	8.5	8.5	12.74	10	198	39.7	3.94	25.6	7.8	1.42	54.9	1.52
12.6		126	53	5.5	9	9	15.69	12.31	389	61.7	4.98	38	10.3	1.56	77.8	1.59
14	a	140	58	6	9.5	9.5	18.51	14.53	564	80.5	5.52	53.2	13	1.7	107.2	1.71
	b		60	8	9.5	9.5	21.31	16.73	609	87.1	5.35	61.2	14.1	1.69	120.6	1.67
16	a	160	63	6.5	10	10	21.95	17.23	866	108.3	6.28	73.4	16.3	1.83	144.1	1.79
	b		65	8.5	10	10	25.15	19.75	935	116.8	6.1	83.4	17.6	1.82	160.8	1.75
18	a	180	68	7	10.5	10.5	25.69	20.17	1 273	141.4	7.04	98.6	20	1.96	189.7	1.88
	b		70	9	10.5	10.5	29.29	22.99	1 370	152.2	6.84	111	21.5	1.95	210.1	1.84
20	a	200	73	7	11	11	28.83	22.63	1 780	178	7.86	128	24.2	2.11	244	2.01
	b		75	9	11	11	32.83	25.77	1 914	191.4	7.64	143.6	25.9	2.09	268.4	1.95
22	a	220	77	7	11.5	11.5	31.84	24.99	2 394	217.6	8.67	157.8	28.2	2.23	298.2	2.1
	b		79	9	11.5	11.5	36.24	28.45	2 571	233.8	8.42	176.5	30.1	2.21	326.3	2.03
25	a	250	78	7	12	12	34.91	27.4	3 359	268.7	9.81	175.9	30.7	2.24	324.8	2.07
	b		80	9	12	12	39.91	31.33	3 619	289.6	9.52	196.4	32.7	2.22	355.1	1.99
	c		82	11	12	12	44.91	35.25	3 880	310.4	9.3	215.9	34.6	2.19	388.6	1.96
28	a	280	82	7.5	12.5	12.5	40.02	31.42	4 753	339.5	10.9	217.9	35.7	2.33	393.3	2.09
	b		84	9.5	12.5	12.5	45.62	35.81	5 118	365.6	10.59	241.5	37.9	2.3	428.5	2.02
	c		86	11.5	12.5	12.5	51.22	40.21	5 484	391.7	10.35	264.1	40	2.27	467.3	1.99
32	a	320	88	8	14	14	48.5	38.07	7 511	469.4	12.44	304.7	46.4	2.51	547.5	2.24
	b		90	10	14	14	54.9	43.1	8 057	503.5	12.11	335.6	49.1	2.47	592.9	2.16
	c		92	12	14	14	61.3	48.12	8 603	537.7	11.85	365	51.6	2.44	642.7	2.13
36	a	360	96	9	16	16	60.89	47.8	11 874	659.7	13.96	455	63.6	2.73	818.5	2.44
	b		98	11	16	16	68.09	53.45	12 652	702.9	13.63	496.7	66.9	2.7	880.5	2.37
	c		100	13	16	16	75.29	59.1	13 429	746.1	13.36	536.6	70	2.67	948	2.34
40	a	400	100	10.5	18	18	75.04	58.91	17 578	878.9	15.3	592	78.8	2.81	1 057.9	2.49
	b		102	12.5	18	18	83.04	65.19	18 644	932.2	14.98	640.6	82.6	2.78	1 135.8	2.44
	c		104	14.5	18	18	91.04	71.47	19 711	985.6	14.71	687.8	86.2	2.75	1 220.3	2.42

等边角钢

单角钢　　　　双角钢

型　号		圆角	重心矩	截面积	质量	惯性矩	截面模量		回转半径			i_y, 当 a 为下列数值				
		R	Z_0	A		I_x	$W_{x\max}$	$W_{x\min}$	i_x	i_{x0}	i_{y0}	6 mm	8 mm	10 mm	12 mm	14 mm
		/mm		/cm²	/(kg/m)	/cm⁴	/cm³		/cm			/cm				
20×	3	3.5	6	1.13	0.89	0.40	0.66	0.29	0.59	0.75	0.39	1.08	1.17	1.25	1.34	1.43
	4		6.4	1.46	1.15	0.50	0.78	0.36	0.58	0.73	0.38	1.11	1.19	1.28	1.37	1.46
L25×	3	3.5	7.3	1.43	1.12	0.82	1.12	0.46	0.76	0.95	0.49	1.27	1.36	1.44	1.53	1.61
	4		7.6	1.86	1.46	1.03	1.34	0.59	0.74	0.93	0.48	1.30	1.38	1.47	1.55	1.64
L30×	3	4.5	8.5	1.75	1.37	1.46	1.72	0.68	0.91	1.15	0.59	1.47	1.55	1.63	1.71	1.8
	4		8.9	2.28	1.79	1.84	2.08	0.87	0.90	1.13	0.58	1.49	1.57	1.65	1.74	1.82
L36×	3	4.5	10	2.11	1.66	2.58	2.59	0.99	1.11	1.39	0.71	1.70	1.78	1.86	1.94	2.03
	4		10.4	2.76	2.16	3.29	3.18	1.28	1.09	1.38	0.70	1.73	1.8	1.89	1.97	2.05
	5		10.7	2.38	2.65	3.95	3.68	1.56	1.08	1.36	0.70	1.75	1.83	1.91	1.99	2.08
L40×	3	5	10.9	2.36	1.85	3.59	3.28	1.23	1.23	1.55	0.79	1.86	1.94	2.01	2.09	2.18
	4		11.3	3.09	2.42	4.60	4.05	1.60	1.22	1.54	0.79	1.88	1.96	2.04	2.12	2.2
	5		11.7	3.79	2.98	5.53	4.72	1.96	1.21	1.52	0.78	1.90	1.98	2.06	2.14	2.23
L45×	3	5	12.2	2.66	2.09	5.17	4.25	1.58	1.39	1.76	0.90	2.06	2.14	2.21	2.29	2.37
	4		12.6	3.49	2.74	6.65	5.29	2.05	1.38	1.74	0.89	2.08	2.16	2.24	2.32	2.4
	5		13	4.29	3.37	8.04	6.20	2.51	1.37	1.72	0.88	2.10	2.18	2.26	2.34	2.42
	6		13.3	5.08	3.99	9.33	6.99	2.95	1.36	1.71	0.88	2.12	2.2	2.28	2.36	2.44
L50×	3	5.5	13.4	2.97	2.33	7.18	5.36	1.96	1.55	1.96	1.00	2.26	2.33	2.41	2.48	2.56
	4		13.8	3.90	3.06	9.26	6.70	2.56	1.54	1.94	0.99	2.28	2.36	2.43	2.51	2.59
	5		14.2	4.80	3.77	11.21	7.90	3.13	1.53	1.92	0.98	2.30	2.38	2.45	2.53	2.61
	6		14.6	5.69	4.46	13.05	8.95	3.68	1.51	1.91	0.98	2.32	2.4	2.48	2.56	2.64
L56×	3	6	14.8	3.34	2.62	10.19	6.86	2.48	1.75	2.2	1.13	2.50	2.57	2.64	2.72	2.8
	4		15.3	4.39	3.45	13.18	8.63	3.24	1.73	2.18	1.11	2.52	2.59	2.67	2.74	2.82
	5		15.7	5.42	4.25	16.02	10.22	3.97	1.72	2.17	1.10	2.54	2.61	2.69	2.77	2.85
	8		16.8	8.37	6.57	23.63	14.06	6.03	1.68	2.11	1.09	2.60	2.67	2.75	2.83	2.91

单角钢　　　　　双角钢

型号		圆角	重心矩	截面积	质量	惯性矩	截面模量		回转半径			i_y,当 a 为下列数值				
		R	Z_0	A		I_x	$W_{x\max}$	$W_{x\min}$	i_x	i_{x0}	i_{y0}	6 mm	8 mm	10 mm	12 mm	14 mm
		/mm		/cm²	/(kg/m)	/cm⁴	/cm³		/cm			/cm				
L63×	4	7	17	4.98	3.91	19.03	11.22	4.13	1.96	2.46	1.26	2.79	2.87	2.94	3.02	3.09
	5		17.4	6.14	4.82	23.17	13.33	5.08	1.94	2.45	1.25	2.82	2.89	2.96	3.04	3.12
	6		17.8	7.29	5.72	27.12	15.26	6.00	1.93	2.43	1.24	2.83	2.91	2.98	3.06	3.14
	8		18.5	9.51	7.47	34.45	18.59	7.75	1.90	2.39	1.23	2.87	2.95	3.03	3.1	3.18
	10		19.3	11.66	9.15	41.09	21.34	9.39	1.88	2.36	1.22	2.91	2.99	3.07	3.15	3.23
L70×	4	8	18.6	5.57	4.37	26.39	14.16	5.14	2.18	2.74	1.4	3.07	3.14	3.21	3.29	3.36
	5		19.1	6.88	5.40	32.21	16.89	6.32	2.16	2.73	1.39	3.09	3.16	3.24	3.31	3.39
	6		19.5	8.16	6.41	37.77	19.39	7.48	2.15	2.71	1.38	3.11	3.18	3.26	3.33	3.41
	7		19.9	9.42	7.40	43.09	21.68	8.59	2.14	2.69	1.38	3.13	3.2	3.28	3.36	3.43
	8		20.3	10.67	8.37	48.17	23.79	9.68	2.13	2.68	1.37	3.15	3.22	3.30	3.38	3.46
L75×	5	9	20.3	7.41	5.82	39.96	19.73	7.30	2.32	2.92	1.5	3.29	3.36	3.43	3.5	3.58
	6		20.7	8.80	6.91	46.91	22.69	8.63	2.31	2.91	1.49	3.31	3.38	3.45	3.53	3.6
	7		21.1	10.16	7.98	53.57	25.42	9.93	2.30	2.89	1.48	3.33	3.4	3.47	3.55	3.63
	8		21.5	11.50	9.03	59.96	27.93	11.2	2.28	2.87	1.47	3.35	3.42	3.50	3.57	3.65
	10		22.2	14.13	11.09	71.98	32.40	13.64	2.26	2.84	1.46	3.38	3.46	3.54	3.61	3.69
L80×	5	9	21.5	7.91	6.21	48.79	22.70	8.34	2.48	3.13	1.6	3.49	3.56	3.63	3.71	3.78
	6		21.9	9.40	7.38	57.35	26.16	9.87	2.47	3.11	1.59	3.51	3.58	3.65	3.73	3.8
	7		22.3	10.86	8.53	65.58	29.38	11.37	2.46	3.1	1.58	3.53	3.60	3.67	3.75	3.83
	8		22.7	12.30	9.66	73.50	32.36	12.83	2.44	3.08	1.57	3.55	3.62	3.70	3.77	3.85
	10		23.5	15.13	11.87	88.43	37.68	15.64	2.42	3.04	1.56	3.58	3.66	3.74	3.81	3.89
L90×	6	10	24.4	10.64	8.35	82.77	33.99	12.61	2.79	3.51	1.8	3.91	3.98	4.05	4.12	4.2
	7		24.8	12.3	9.66	94.83	38.28	14.54	2.78	3.5	1.78	3.93	4	4.07	4.14	4.22
	8		25.2	13.94	10.95	106.5	42.3	16.42	2.76	3.48	1.78	3.95	4.02	4.09	4.17	4.24
	10		25.9	17.17	13.48	128.6	49.57	20.07	2.74	3.45	1.76	3.98	4.06	4.13	4.21	4.28
	12		26.7	20.31	15.94	149.2	55.93	23.57	2.71	3.41	1.75	4.02	4.09	4.17	4.25	4.32

单角钢　　双角钢

型号		圆角 R	重心矩 Z_0	截面积 A	质量	惯性矩 I_x	截面模量 W_{xmax}	W_{xmin}	回转半径 i_x	i_{x0}	i_{y0}	i_y，当 a 为下列数值 6 mm	8 mm	10 mm	12 mm	14 mm
		/mm	/mm	/cm²	/(kg/m)	/cm⁴	/cm³	/cm³	/cm	/cm	/cm	/cm	/cm	/cm	/cm	/cm
L100×	6	12	26.7	11.93	9.37	115	43.04	15.68	3.1	3.91	2	4.3	4.37	4.44	4.51	4.58
	7		27.1	13.8	10.83	131	48.57	18.1	3.09	3.89	1.99	4.32	4.39	4.46	4.53	4.61
	8		27.6	15.64	12.28	148.2	53.78	20.47	3.08	3.88	1.98	4.34	4.41	4.48	4.55	4.63
	10	12	28.4	19.26	15.12	179.5	63.29	25.06	3.05	3.84	1.96	4.38	4.45	4.52	4.6	4.67
	12		29.1	22.8	17.9	208.9	71.72	29.47	3.03	3.81	1.95	4.41	4.49	4.56	4.64	4.71
	14		29.9	26.26	20.61	236.5	79.19	33.73	3	3.77	1.94	4.45	4.53	4.6	4.68	4.75
	16		30.6	29.63	23.26	262.5	85.81	37.82	2.98	3.74	1.93	4.49	4.56	4.64	4.72	4.8
L110×	7		29.6	15.2	11.93	177.2	59.78	22.05	3.41	4.3	2.2	4.72	4.79	4.86	4.94	5.01
	8		30.1	17.24	13.53	199.5	66.36	24.95	3.4	4.28	2.19	4.74	4.81	4.88	4.96	5.03
	10	12	30.9	21.26	16.69	242.2	78.48	30.6	3.38	4.25	2.17	4.78	4.85	4.92	5	5.07
	12		31.6	25.2	19.78	282.6	89.34	36.05	3.35	4.22	2.15	4.82	4.89	4.96	5.04	5.11
	14		32.4	29.06	22.81	320.7	99.07	41.31	3.32	4.18	2.14	4.85	4.93	5	5.08	5.15
L125×	8		33.7	19.75	15.5	297	88.2	32.52	3.88	4.88	2.5	5.34	5.41	5.48	5.55	5.62
	10	14	34.5	24.37	19.13	361.7	104.8	39.97	3.85	4.85	2.48	5.38	5.45	5.52	5.59	5.66
	12		35.3	28.91	22.7	423.2	119.9	47.17	3.83	4.82	2.46	5.41	5.48	5.56	5.63	5.7
	14		36.1	33.37	26.19	481.7	133.6	54.16	3.8	4.78	2.45	5.45	5.52	5.59	5.67	5.74
L140×	10		38.2	27.37	21.49	514.7	134.6	50.58	4.34	5.46	2.78	5.98	6.05	6.12	6.2	6.27
	12	14	39	32.51	25.52	603.7	154.6	59.8	4.31	5.43	2.77	6.02	6.09	6.16	6.23	6.31
	14		39.8	37.57	29.49	688.8	173	68.75	4.28	5.4	2.75	6.06	6.13	6.2	6.27	6.34
	16		40.6	42.54	33.39	770.2	189.9	77.46	4.26	5.36	2.74	6.09	6.16	6.23	6.31	6.38
L160×	10		43.1	31.5	24.73	779.5	180.8	66.7	4.97	6.27	3.2	6.78	6.85	6.92	6.99	7.06
	12	16	43.9	37.44	29.39	916.6	208.6	78.98	4.95	6.24	3.18	6.82	6.89	6.96	7.03	7.1
	14		44.7	43.3	33.99	1 048	234.4	90.95	4.92	6.2	3.16	6.86	6.93	7	7.07	7.14
	16		45.5	49.07	38.52	1 175	258.3	102.6	4.89	6.17	3.14	6.89	6.96	7.03	7.1	7.18

型号		圆角	重心矩	截面积	质量	惯性矩	截面模量		回转半径			i_y，当 a 为下列数值				
		R	Z_0	A		I_x	$W_{x\max}$	$W_{x\min}$	i_x	i_{x0}	i_{y0}	6 mm	8 mm	10 mm	12 mm	14 mm
		/mm		/cm^2	/(kg/m)	/cm^4	/cm^3		/cm			/cm				
L180×	12	16	48.9	42.24	33.16	1 321	270	100.8	5.59	7.05	3.58	7.63	7.7	7.77	7.84	7.91
	14		49.7	48.9	38.38	1 514	304.6	116.3	5.57	7.02	3.57	7.67	7.74	7.81	7.88	7.95
	16		50.5	55.47	43.54	1 701	336.9	131.4	5.54	6.98	3.55	7.7	7.77	7.84	7.91	7.98
	18		51.3	61.95	48.63	1 881	367.1	146.1	5.51	6.94	3.53	7.73	7.8	7.87	7.95	8.02
L200×	14	18	54.6	54.64	42.89	2 104	385.1	144.7	6.2	7.82	3.98	8.47	8.54	8.61	8.67	8.75
	16		55.4	62.01	48.68	2 366	427	163.7	6.18	7.79	3.96	8.5	8.57	8.64	8.71	8.78
	18		56.2	69.3	54.4	2 621	466.5	182.2	6.15	7.75	3.94	8.53	8.6	8.67	8.75	8.82
	20		56.9	76.5	60.06	2 867	503.6	200.4	6.12	7.72	3.93	8.57	8.64	8.71	8.78	8.85
	24		58.4	90.66	71.17	3 338	571.5	235.8	6.07	7.64	3.9	8.63	8.71	8.78	8.85	8.92

单角钢

双角钢

不等边角钢

角钢型号 $B \times b \times t$		圆角 R /mm	重心矩 Z_x /mm	重心矩 Z_y /mm	截面积 A /cm²	质量 /(kg/m)	回转半径 i_x /cm	回转半径 i_y /cm	回转半径 i_{y0} /cm	i_y 当a为下列数值 6 mm /cm	8 mm	10 mm	12 mm	i_y 当a为下列数值 6 mm /cm	8 mm	10 mm	12 mm
L25×16×	3	3.5	4.2	8.6	1.16	0.91	0.44	0.78	0.34	0.84	0.93	1.02	1.11	1.4	1.48	1.57	1.65
	4		4.6	9.0	1.50	1.18	0.43	0.77	0.34	0.87	0.96	1.05	1.14	1.42	1.51	1.6	1.68
L32×20×	3	3.5	4.9	10.8	1.49	1.17	0.55	1.01	0.43	0.97	1.05	1.14	1.23	1.71	1.79	1.88	1.96
	4		5.3	11.2	1.94	1.52	0.54	1	0.43	0.99	1.08	1.16	1.25	1.74	1.82	1.9	1.99
L40×25×	3	4	5.9	13.2	1.89	1.48	0.7	1.28	0.54	1.13	1.21	1.3	1.38	2.07	2.14	2.23	2.31
	4		6.3	13.7	2.47	1.94	0.69	1.26	0.54	1.16	1.24	1.32	1.41	2.09	2.17	2.25	2.34
L45×28×	3	5	6.4	14.7	2.15	1.69	0.79	1.44	0.61	1.23	1.31	1.39	1.47	2.28	2.36	2.44	2.52
	4		6.8	15.1	2.81	2.2	0.78	1.43	0.6	1.25	1.33	1.41	1.5	2.31	2.39	2.47	2.55
L50×32×	3	5.5	7.3	16	2.43	1.91	0.91	1.6	0.7	1.38	1.45	1.53	1.61	2.49	2.56	2.64	2.72
	4		7.7	16.5	3.18	2.49	0.9	1.59	0.69	1.4	1.47	1.55	1.64	2.51	2.59	2.67	2.75
L56×36×	3	6	8.0	17.8	2.74	2.15	1.03	1.8	0.79	1.51	1.59	1.66	1.74	2.75	2.82	2.9	2.98
	4		8.5	18.2	3.59	2.82	1.02	1.79	0.78	1.53	1.61	1.69	1.77	2.77	2.85	2.93	3.01
	5		8.8	18.7	4.42	3.47	1.01	1.77	0.78	1.56	1.63	1.71	1.79	2.8	2.88	2.96	3.04
L63×40×	4	7	9.2	20.4	4.06	3.19	1.14	2.02	0.88	1.66	1.74	1.81	1.89	3.09	3.16	3.24	3.32
	5		9.5	20.8	4.99	3.92	1.12	2	0.87	1.68	1.76	1.84	1.92	3.11	3.19	3.27	3.35
	6		9.9	21.2	5.91	4.64	1.11	1.99	0.86	1.71	1.78	1.86	1.94	3.13	3.21	3.29	3.37
	7		10.3	21.6	6.8	5.34	1.1	1.96	0.86	1.73	1.8	1.88	1.97	3.15	3.23	3.3	3.39
L70×45×	4	7.5	10.2	22.3	4.55	3.57	1.29	2.25	0.99	1.84	1.91	1.99	2.07	3.39	3.46	3.54	3.62
	5		10.6	22.8	5.61	4.4	1.28	2.23	0.98	1.86	1.94	2.01	2.09	3.41	3.49	3.57	3.64
	6		11.0	23.2	6.64	5.22	1.26	2.22	0.97	1.88	1.96	2.04	2.11	3.44	3.51	3.59	3.67
	7		11.3	23.6	7.66	6.01	1.25	2.2	0.97	1.9	1.98	2.06	2.14	3.46	3.54	3.61	3.69
L75×50×	5	8	11.7	24.0	6.13	4.81	1.43	2.39	1.09	2.06	2.13	2.2	2.28	3.6	3.68	3.76	3.83
	6		12.1	24.4	7.26	5.7	1.42	2.38	1.08	2.08	2.15	2.23	2.3	3.63	3.7	3.78	3.86
	8		12.9	25.2	9.47	7.43	1.4	2.35	1.07	2.12	2.19	2.27	2.35	3.67	3.75	3.83	3.91
	10		13.6	26.0	11.6	9.1	1.38	2.33	1.06	2.16	2.24	2.31	2.4	3.71	3.79	3.87	3.96
L80×50×	5	8	11.4	26.0	6.38	5	1.42	2.57	1.1	2.02	2.09	2.17	2.24	3.88	3.95	4.03	4.1
	6		11.8	26.5	7.56	5.93	1.41	2.55	1.09	2.04	2.11	2.19	2.27	3.9	3.98	4.05	4.13
	7		12.1	26.9	8.72	6.85	1.39	2.54	1.08	2.06	2.13	2.21	2.29	3.92	4	4.08	4.16
	8		12.5	27.3	9.87	7.75	1.38	2.52	1.07	2.08	2.15	2.23	2.31	3.94	4.02	4.1	4.18
L90×56×	5	9	12.5	29.1	7.21	5.66	1.59	2.9	1.23	2.22	2.29	2.36	2.44	4.32	4.39	4.47	4.55
	6		12.9	29.5	8.56	6.72	1.58	2.88	1.22	2.24	2.31	2.39	2.46	4.34	4.42	4.5	4.57
	7		13.3	30.0	9.88	7.76	1.57	2.87	1.22	2.26	2.33	2.41	2.49	4.37	4.44	4.52	4.6
	8		13.6	30.4	11.2	8.78	1.56	2.85	1.21	2.28	2.35	2.43	2.51	4.39	4.47	4.54	4.62

角钢型号 B×b×t		单角钢							双角钢 i_y, 当 a 为下列数值				i_y, 当 a 为下列数值			
	圆角 R	重心矩 Z_x	重心矩 Z_y	截面积 A	质量	i_x	i_y	i_{y0}	6 mm	8 mm	10 mm	12 mm	6 mm	8 mm	10 mm	12 mm
	/mm	/mm	/mm	/cm²	/(kg/m)	/cm	/cm	/cm	/cm				/cm			
L100×63×	6	14.3	32.4	9.62	7.55	1.79	3.21	1.38	2.49	2.56	2.63	2.71	4.77	4.85	4.92	5
	7	14.7	32.8	11.1	8.72	1.78	3.2	1.37	2.51	2.58	2.65	2.73	4.8	4.87	4.95	5.03
	8	15	33.2	12.6	9.88	1.77	3.18	1.37	2.53	2.6	2.67	2.75	4.82	4.9	4.97	5.05
	10	15.8	34	15.5	12.1	1.75	3.15	1.35	2.57	2.64	2.72	2.79	4.86	4.94	5.02	5.1
(R=10)																
L100×80×	6	19.7	29.5	10.6	8.35	2.4	3.17	1.73	3.31	3.38	3.45	3.52	4.54	4.62	4.69	4.76
	7	20.1	30	12.3	9.66	2.39	3.16	1.71	3.32	3.39	3.47	3.54	4.57	4.64	4.71	4.79
	8	20.5	30.4	13.9	10.9	2.37	3.15	1.71	3.34	3.41	3.49	3.56	4.59	4.66	4.73	4.81
	10	21.3	31.2	17.2	13.5	2.35	3.12	1.69	3.38	3.45	3.53	3.6	4.63	4.7	4.78	4.85
(R=10)																
L110×70×	6	15.7	35.3	10.6	8.35	2.01	3.54	1.54	2.74	2.81	2.88	2.96	5.21	5.29	5.36	5.44
	7	16.1	35.7	12.3	9.66	2	3.53	1.53	2.76	2.83	2.9	2.98	5.24	5.31	5.39	5.46
	8	16.5	36.2	13.9	10.9	1.98	3.51	1.53	2.78	2.85	2.92	3	5.26	5.34	5.41	5.49
	10	17.2	37	17.2	13.5	1.96	3.48	1.51	2.82	2.89	2.96	3.04	5.3	5.38	5.46	5.53
(R=10)																
L125×80×	7	18	40.1	14.1	11.1	2.3	4.02	1.76	3.11	3.18	3.25	3.33	5.9	5.97	6.04	6.12
	8	18.4	40.6	16	12.6	2.29	4.01	1.75	3.13	3.2	3.27	3.35	5.92	5.99	6.07	6.14
	10	19.2	41.4	19.7	15.5	2.26	3.98	1.74	3.17	3.24	3.31	3.39	5.96	6.04	6.11	6.19
	12	20	42.2	23.4	18.3	2.24	3.95	1.72	3.21	3.28	3.35	3.43	6	6.08	6.16	6.23
(R=11)																
L140×90×	8	20.4	45	18	14.2	2.59	4.5	1.98	3.49	3.56	3.63	3.7	6.58	6.65	6.73	6.8
	10	21.2	45.8	22.3	17.5	2.56	4.47	1.96	3.52	3.59	3.66	3.73	6.62	6.7	6.77	6.85
	12	21.9	46.6	26.4	20.7	2.54	4.44	1.95	3.56	3.63	3.7	3.77	6.66	6.74	6.81	6.89
	14	22.7	47.4	30.5	23.9	2.51	4.42	1.94	3.59	3.66	3.74	3.81	6.7	6.78	6.86	6.93
(R=12)																
L160×100×	10	22.8	52.4	25.3	19.9	2.85	5.14	2.19	3.84	3.91	3.98	4.05	7.55	7.63	7.7	7.78
	12	23.6	53.2	30.1	23.6	2.82	5.11	2.18	3.87	3.94	4.01	4.09	7.6	7.67	7.75	7.82
	14	24.3	54	34.7	27.2	2.8	5.08	2.16	3.91	3.98	4.05	4.12	7.64	7.71	7.79	7.86
	16	25.1	54.8	39.3	30.8	2.77	5.05	2.15	3.94	4.02	4.09	4.16	7.68	7.75	7.83	7.9
(R=13)																
L180×110×	10	24.4	58.9	28.4	22.3	3.13	8.56	5.78	2.42	4.16	4.23	4.3	4.36	8.49	8.72	8.71
	12	25.2	59.8	33.7	26.5	3.1	8.6	5.75	2.4	4.19	4.33	4.33	4.4	8.53	8.76	8.75
	14	25.9	60.6	39	30.6	3.08	8.64	5.72	2.39	4.23	4.26	4.37	4.44	8.57	8.63	8.79
	16	26.7	61.4	44.1	34.6	3.05	8.68	5.81	2.37	4.26	4.3	4.4	4.47	8.61	8.68	8.84
(R=14)																
L200×125×	12	28.3	65.4	37.9	29.8	3.57	6.44	2.75	4.75	4.82	4.88	4.95	9.39	9.47	9.54	9.62
	14	29.1	66.2	43.9	34.4	3.54	6.41	2.73	4.78	4.85	4.92	4.99	9.43	9.51	9.58	9.66
	16	29.9	67.8	49.7	39	3.52	6.38	2.71	4.81	4.88	4.95	5.02	9.47	9.55	9.62	9.7
	18	30.6	67	55.5	43.6	3.49	6.35	2.7	4.85	4.92	4.99	5.06	9.51	9.59	9.66	9.74
(R=14)																

注：一个角钢的惯性矩 $I_x = A i_x^2$ ，$I_y = A i_y^2$ ；一个角钢的截面模量 $W_{x\max} = I_x / Z_x$ ，$W_{x\min} = I_x / (b - Z_x)$ ；

$W_{yax} = I_y Z_y \quad W_{x\min} = I_y (b - Z_y)$ 。

参考文献

[1] 王社. 材料力学[M]. 西安：西北工业大学出版社，2008.

[2] 刘鸿文. 材料力学：Ⅰ[M]. 4 版. 北京：高等教育出版社，2004.

[3] 刘鸿文. 材料力学：Ⅱ[M]. 4 版. 北京：高等教育出版社，2004.

[4] 孙训方. 材料力学Ⅰ[M]. 4 版. 北京：高等教育出版社，2002.

[5] 孙训方. 材料力学Ⅱ[M]. 4 版. 北京：高等教育出版社，2002.

[6] 单辉祖. 材料力学教程[M]. 北京：高等教育出版社，2004.

[7] 范钦珊. 材料力学[M]. 北京：北京大学出版社，2009.

[8] 武建华. 材料力学[M]. 重庆：重庆大学出版社，2004.

[9] 谭文锋，徐耀玲. 材料力学简明教材[M]. 北京：科技出版社，2011.

[10] 杨国义. 材料力学[M]. 北京：中国计量出版社，2007.

[11] 邱棣华. 材料力学[M]. 北京：高等教育出版社，2004.

[12] 张少实. 新编材料力学[M]. 北京：机械工业出版社，2002.

[13] 苏翼林. 材料力学[M]. 天津：天津大学出版社，2001.

[14] 陈建桥. 材料力学[M]. 武汉：华中科技大学出版社，2001.

[15] 孙国钧，赵社戍. 材料力学[M]. 上海：上海交通大学出版社，2006.

[16] 徐道远. 材料力学[M]. 南京：河海大学出版社，2001.